小学4年生

データの活用に

ぐーんと強くなる

学習指導要領対応

JN008455

KUM●N

✦ 目次 ✦

この本では，少しむずかしい問題には，◇マークをつけています。

小学4年生

答え … 別さつ

3

ぼうグラフ

れい

みさきさんのクラスで，好きなく
だもの調べをして，右のぼうグラ
フに表しました。

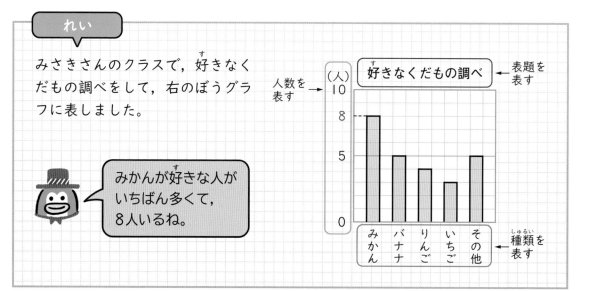

みかんが好きな人が
いちばん多くて，
8人いるね。

1 そうたさんのクラスで，好きな色調べをして，下のぼうグラフに表しました。
次の問題に答えましょう。

[1問 10点]

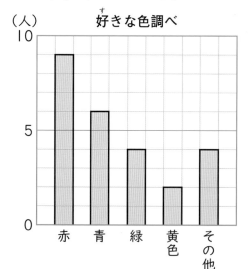

好きな色調べ

① たてのじくの1めもりは，何人を表
していますか。

(　　　　　　　　)

② 青を選んだ人の数は何人ですか。

(　　　　　　　　)

③ 好きな人の数がいちばん多い色は何
ですか。

(　　　　　　　　)

④ 緑を選んだ人と黄色を選んだ人では，どちらが何人多いですか。

(　　　　　　を選んだ人が　　　　　　多い。)

2 りくさんが1か月に借りた本の種類と数を，下の表にまとめました。表の数にあわせて，右のぼうグラフを完成させましょう。 ［20点］

借りた本調べ

種類	数（さつ）
物語	7
れきし	5
科学	3
図かん	1
その他	2
合計	18

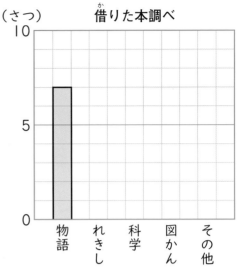

グラフで，物語は7めもり分だね。続きをかいていこう。

3 4年生で，好きな野菜調べをしました。下のぼうグラフは，1組と2組のそれぞれの人数を表したものです。次の問題に答えましょう。 ［1問 10点］

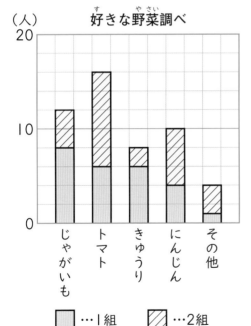

① たてのじくの1めもりは，何人を表していますか。

( )

② 1組と2組をあわせて，いちばん人気のある野菜は何ですか。

( )

③ 1組で，じゃがいもが好きな人の数は何人ですか。

( )

④ にんじんが好きな人の数は，どちらの組のほうが多いですか。

( )

2 グラフと表 2

折れ線グラフ①

おぼえよう

右のグラフのように, 変わっていくものの
様子を表すには, 折れ線グラフを使います。

右のグラフでは, 時間が
たつにつれて, 気温が
変化していく様子がわか
るね。

1日の気温の変わり方
(度)

午前10時は6度を表す

---

1 下の折れ線グラフは, あかりさんが住んでいる町の1日の気温の変わり方を表
したものです。次の問題に答えましょう。　　　　　　　　　　　[1問　5点]

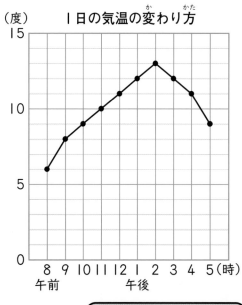

1日の気温の変わり方
(度)

8 9 10 11 12 1 2 3 4 5(時)
午前　　　　午後

① たてのじくは, 何を表していますか。

（　　　　　　　　　）

② たてのじくの1めもりは, 何度を表していますか。

（　　　　　　　　　）

③ 午前8時の気温は何度ですか。

（　　　　　　　　　）

④ 気温がいちばん高いのは, 何時ですか。

（　　　　　　　　　）

折れ線グラフの●がい
ちばん高いところにあ
るのは, 何時かな。

2 下の折れ線グラフは，ある都市の1年間の気温の変わり方を表したものです。次の問題に答えましょう。　　　　　　　　　　[1つ　10点]

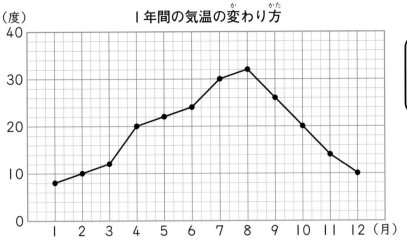

たてのじくは，気温を表しているよ。

① たてのじくの1めもりは，何度を表していますか。

（　　　　　　　）

② 気温が30度だった月は何月ですか。

（　　　　　　　）

③ 気温がいちばん低いのは何月で，何度ですか。

月（　　　　　　　）　　気温（　　　　　　　）

3 下の折れ線グラフは，4年生が図書室から借りた本の数を調べて表したものです。次の問題に答えましょう。　　　　　　[1つ　10点]

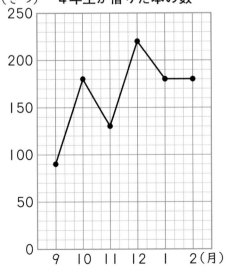

① たてのじくの1めもりは，何さつを表していますか。

（　　　　　　　）

② 借りた本の数が180さつだった月をすべて答えましょう。

（　　　　　　　）

③ 借りた本の数がいちばん多いのは何月で，何さつですか。

月（　　　　　　　）

借りた本の数（　　　　　　　）

③ 折れ線グラフ②

💡 ポイント！

折れ線グラフでは，線のかたむきで変わり方がわかります。
① 線が右上がりのとき，ふえる(上がる)ことを表します。
② 線が横にまっすぐのとき，変わらないことを表します。
③ 線が右下がりのとき，へる(下がる)ことを表します。

ふえる(上がる)　変わらない　へる(下がる)

線のかたむきが急であるほど，変わり方は大きいよ。

---

1 下の折れ線グラフは，ゆうきさんが住んでいる町の1日の気温の変わり方を調べたものです。次の問題に答えましょう。　[1問　10点]

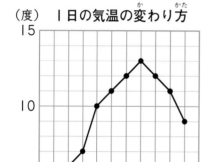

(度)　1日の気温の変わり方

① 気温が上がっているのは，午前8時から何時までの間ですか。

（　　　　　　　　までの間　）

② 気温が下がっているのは，午後2時から何時までの間ですか。

（　　　　　　　　までの間　）

③ 午前8時と午前9時の間で，気温は何度上がりましたか。

（　　　　　　　　　　）

線が右上がりで，かたむきがいちばん急なのは，どこかな。

④ 気温の上がり方がいちばん大きいのは，何時と何時の間ですか。

（　　　　と　　　　　　の間　）

2 下の折れ線グラフは，みおさんがかっているネコの体重の変わり方を，2か月ごとに調べたものです。次の問題に答えましょう。 ［1問 10点］

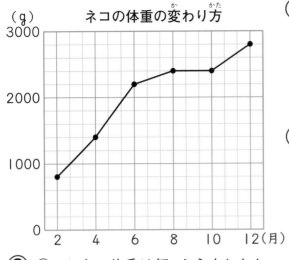

① 体重が変わっていないのは，何月と何月の間ですか。

（　　　　　　と　　　　　　の間）

② 体重のふえ方がいちばん大きいのは，何月と何月の間ですか。

（　　　　　　と　　　　　　の間）

③ ②のとき，体重は何gふえましたか。

（　　　　　　　　　　　　）

3 下の折れ線グラフは，校庭に立てたぼうのかげの長さの変わり方を，1時間ごとに調べたものです。次の問題に答えましょう。 ［1問 10点］

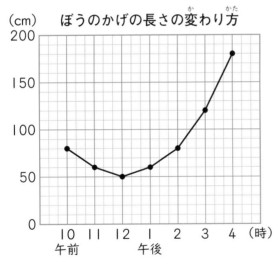

たてのじくの1めもりは何cmを表しているかな。

① 午前10時から午前11時までの間で，かげの長さは何cm短くなっていますか。

（　　　　　　　　　　　　）

② かげの長さがいちばんのびたのは，何時と何時の間ですか。

（　　　　　　と　　　　　　の間）

③ ②のとき，かげの長さは何cmのびましたか。

（　　　　　　　　　　　　）

グラフと表 4

折れ線グラフのかき方①

💡 ポイント！

〔折れ線グラフのかき方〕

❶ 横のじくに「時こく」をとり，同じ間をあけて，めもりが表す数を書く。単位も書く。

❷ たてのじくに「気温」をとり，同じ間をあけて，めもりが表す数を書く。単位も書く。

❸ それぞれの時こくの気温を表すところに点をうつ。

❹ ❸でうった点どうしを，順に直線で結ぶ。

❺ 表題を書く。

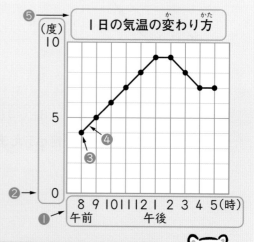

表題は，先に書いてもいいよ。

Ⅰ　たくみさんは，ある日の気温の変わり方を調べて下の表にまとめました。これを折れ線グラフに表します。次の問題に答えましょう。　〔1問　10点〕

気温の変わり方

時こく（時）	午前7	8	9	10	11
気温（度）	4	7	9	10	13

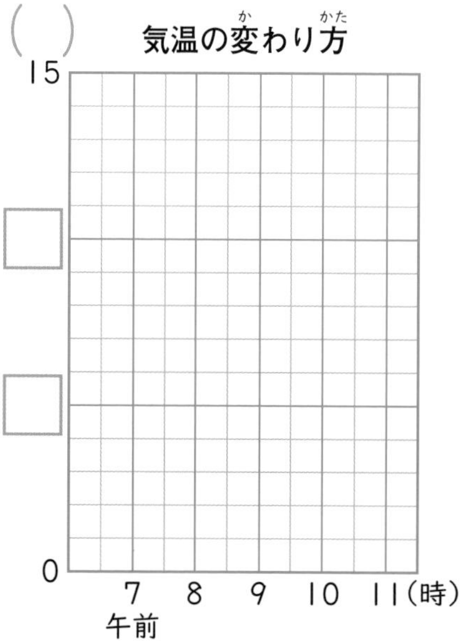

（ ）
気温の変わり方

15

0

7　8　9　10　11（時）
午前

① たてのじくの □ にあてはまる数を書きましょう。

② たてのじくの（ ）にあてはまる単位を書きましょう。

③ それぞれの時こくの気温を表すところに点（•）をかきましょう。

④ ③でかいた点どうしを，直線で結びましょう。

2 こはるさんは住んでいる町の毎月1日の気温を調べ，1年間の気温の変わり方を下の表にまとめました。これを折れ線グラフに表します。次の問題に答えましょう。

[1問　10点]

1年間の気温の変わり方

月	1	2	3	4	5	6	7	8	9	10	11	12
気温（度）	12	14	17	21	23	25	28	29	26	22	16	13

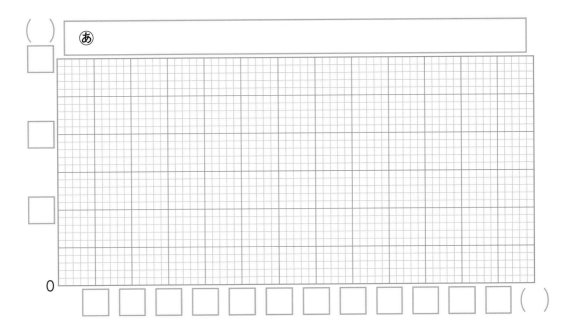

① 横のじくの □ にあてはまる数を書きましょう。

② 横のじくの（　）にあてはまる単位を書きましょう。

③ たてのじくの □ にあてはまる数を書きましょう。

④ たてのじくの（　）にあてはまる単位を書きましょう。

⑤ それぞれの月の気温を表すところに点（●）をかいて，点どうしを直線で結びましょう。

⑥ ⓐに表題を書きましょう。

たてのじくのめもりは，いちばん高い気温が表せるようにするよ。

グラフと表 5
折れ線グラフのかき方②

💡 **ポイント!**

折れ線グラフでは，≈≈≈のしるしを使って，たてのじくのめもりのとちゅうを省くことができます。

1めもりの長さが大きくなるから，変わり方が大きく表せるね。

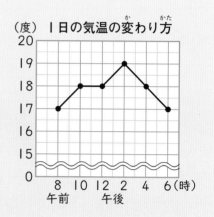

I　あやとさんは，ある日の地面の温度の変わり方を調べて下の表にまとめました。これを折れ線グラフに表します。次の問題に答えましょう。　［1問　10点］

地面の温度の変わり方

時こく（時）	午後 I	2	3	4	5
温度　（度）	24	29	26	23	22

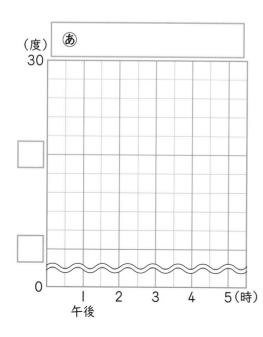

① たてのじくの □ にあてはまる数を書きましょう。

② それぞれの時こくの温度を表すところに点（•）をかきましょう。

③ ②でかいた点どうしを，直線で結びましょう。

④ ㋐に表題を書きましょう。

2 下の表は，ある日の水そうの水の温度の変わり方を表したものです。これを折れ線グラフに表します。次の問題に答えましょう。　　　　　　　[1問　10点]

水の温度の変わり方

時こく （時）	午前 8	9	10	11	12	午後 1	2	3	4	5
温度 （度）	7.1	7.3	7.4	7.8	8.0	8.4	8.8	8.5	8.2	7.6

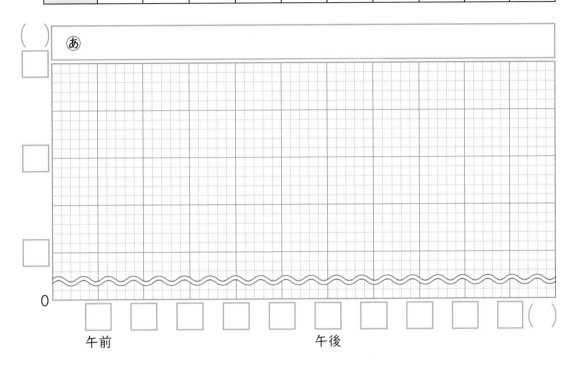

① 横のじくの☐にあてはまる数を書きましょう。

② 横のじくの（　）にあてはまる単位を書きましょう。

③ たてのじくの☐にあてはまる数を書きましょう。

④ たてのじくの（　）にあてはまる単位を書きましょう。

⑤ それぞれの時こくの温度を表すところに点（●）をかいて，点どうしを直線で結びましょう。

⑥ あに表題を書きましょう。

同じ間かくになるように，たてのじくのめもりの数をきめよう。

6

グラフと表 6

折れ線グラフのかき方③

とく点　　点

答え 別さつ4ページ

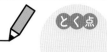

ポイント!

同じことを表したグラフでも，たてのじくのめもりのつけ方を変えることで，見え方が変わります。

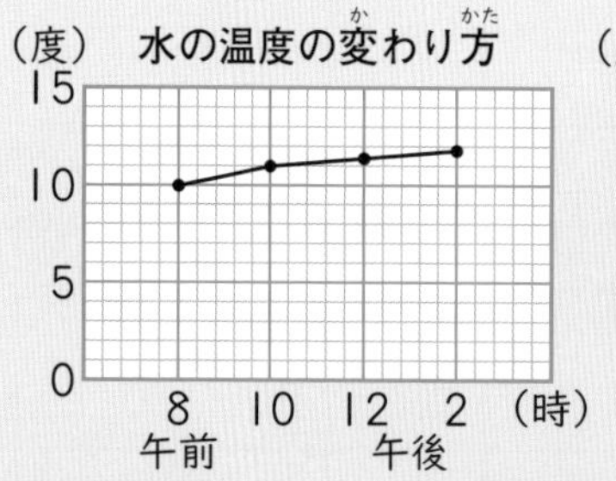

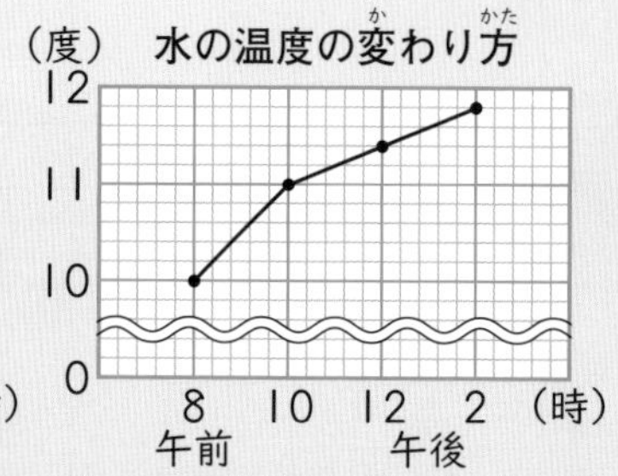

同じ温度の変化を表しているけど，右のグラフのほうが，変化がわかりやすいね。

1 下の表は，ゆうきさんの50m走の記録を調べたものです。ゆうきさんはこの50m走の記録を，下のあのように折れ線グラフに表しました。次の問題に答えましょう。

［1問　15点］

50m走の記録

学年　（年生）	1	2	3	4
記録　（秒）	13	12	12	11

① いのグラフ用紙に，50m走の記録を折れ線グラフに表しましょう。

あ

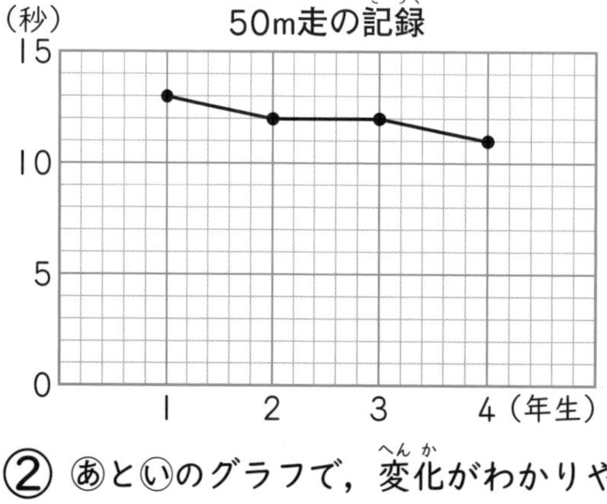

い

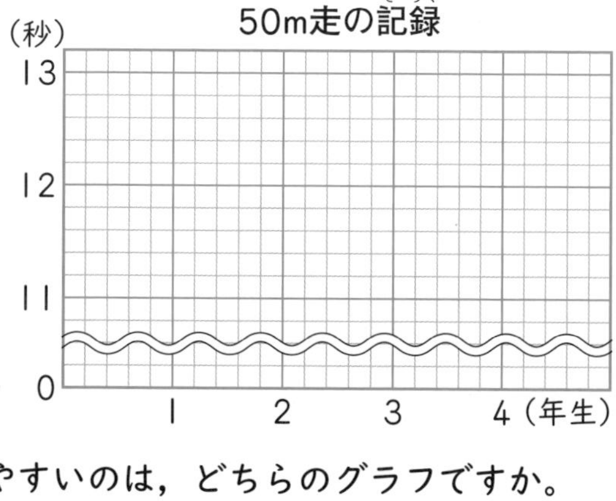

② あといのグラフで，変化がわかりやすいのは，どちらのグラフですか。

（　　　　）

2 下の表は，かのんさんがかっているネコの体温の変わり方を調べたものです。この体温の変わり方を，⑰〜⑮で3つのグラフに表します。次の問題に答えましょう。

[1問　14点]

ネコの体温の変わり方

時こく(時)	午前 8	10	12	午後 2	4	6
体温 (度)	38.2	38.4	38.8	39.0	39.2	38.5

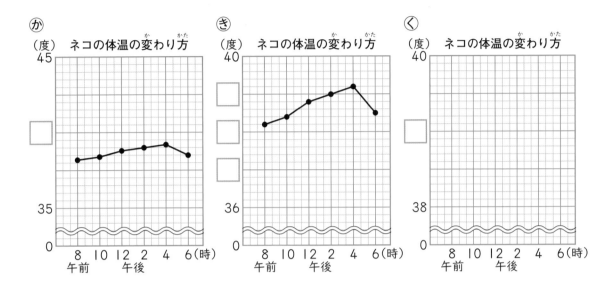

① ⑰のたてのじくの□にあてはまる数を書きましょう。

② ⑯のたてのじくの□にあてはまる数を書きましょう。

③ ⑮のたてのじくの□にあてはまる数を書きましょう。

④ ⑮のグラフ用紙に，体温の変わり方を折れ線グラフに表しましょう。

⑤ ⑰〜⑮のグラフで，変化がわかりやすいのは，どのグラフですか。

(　　　)

7 グラフと表 7

折(お)れ線(せん)グラフと表①

とく点　　点

答え 別(べっ)さつ5ページ

ポイント!

どのようにふえたり，へったりしているかを調べるときは，折(お)れ線(せん)グラフに表すとわかりやすくなります。

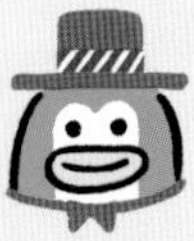

表の数字だけだと，どのように変(か)わっているかがわかりにくいね。

1 下の表や折(お)れ線(せん)グラフは，やまとさんの体重の変(か)わり方(かた)を表したものです。次の問題に答えましょう。 ［1問　8点］

体重の変(か)わり方(かた)

年れい（才）	5	6	7	8	9	10
体重　（kg）	15	18		24	28	30

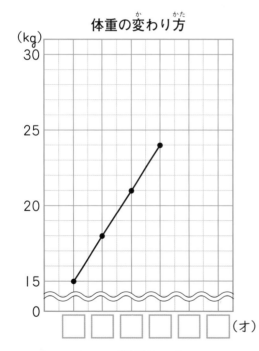

体重の変わり方
(kg)
30
25
20
15
0
(才)

① 横のじくの□にあてはまる数を書きましょう。

② 7才のときの体重は何kgですか。

（　　　　）

③ 左の折(お)れ線(せん)グラフに，9才と10才のときの体重をかき加(くわ)えて，折(お)れ線(せん)グラフを完成(かんせい)させましょう。

④ 体重のふえ方がいちばん大きいのは，何才と何才の間ですか。

（　　　　）

⑤ 5才から10才までの間で，体重は何倍になりましたか。

（　　　　）

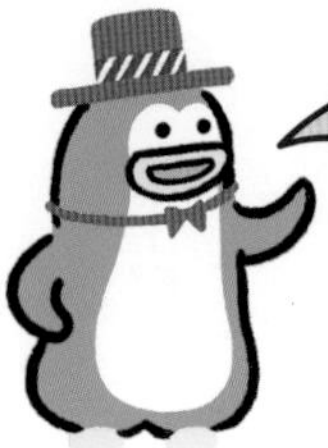

横のじくのめもりに数を書くときは，間かくが同じになるようにしよう。

2 あおいさんは1日の気温を調べて，下の表にまとめました。これを折れ線グラフに表します。次の問題に答えましょう。

[1問 15点]

気温の変わり方

時こく（時）	午前 7	9	11	午後 1	3	5
気温 （度）	25	26	30	33	31	26

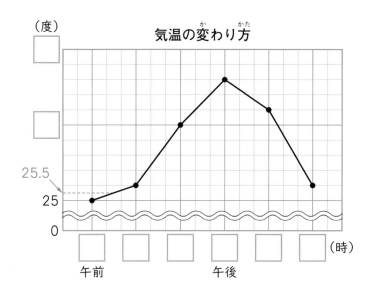

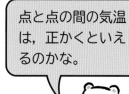
点と点の間の気温は，正かくといえるのかな。

① 横のじくの□にあてはまる数を書きましょう。

② たてのじくの□にあてはまる数を書きましょう。

③ 上の表やグラフからいえることを，次のア～エから1つ選んで，記号で答えましょう。
　ア　午後1時の気温は38度である。
　イ　午後3時と午後5時の気温のちがいは，4度である。
　ウ　いちばん気温の変わり方が大きいのは，午前9時と午前11時の間である。
　エ　いちばん気温が低いのは，午前7時である。

（　　　）

④ あおいさんは，上のグラフから，次のように考えました。

> 午前8時の正かくな気温は，午前7時と午前9時の間の気温を見ればわかるので，25.5度です。

あおいさんの考えは正しいといえますか。

（　　　）

グラフと表 8

折れ線グラフと表②

れい

大きい数のときは，およその数で折れ線グラフに表すこともあります。

日本の生まれた子どもの数

年	人数（人）
1970	1934239
1980	1576889
1990	1221585

四捨五入する

日本の生まれた子どもの数

年	人数（人）
1970	190万
1980	160万
1990	120万

日本の生まれた子どもの数

まず，生まれた子どもの数を四捨五入して，十万の位までのがい数にしよう。

I 右の表は，日本の生まれた子どもの数を調べたものです。これを，およその数にして折れ線グラフに表します。次の問題に答えましょう。 ［1問 15点］

① 生まれた子どもの数を四捨五入して，一万の位までのがい数で表します。下の表を完成させましょう。

日本の生まれた子どもの数

年	人数（人）
2000	1190547
2005	1062530
2010	1071305
2015	1005721
2020	840835

日本の生まれた子どもの数

年	人数（人）
2000	119万
2005	106万
2010	
2015	
2020	84万

② 右のグラフ用紙に，一万の位までのがい数で表した人数を，折れ線グラフに表しましょう。

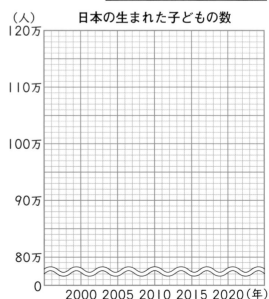

2 下の表は，日本の交通事この発生けん数を調べたものです。次の問題に答えましょう。

[1問　14点]

① 交通事この発生けん数を四捨五入して，一万の位までのがい数で表します。下の表を完成させましょう。

交通事この発生けん数

年	けん数（けん）
2015	536899
2016	499201
2017	472165
2018	430601
2019	381237
2020	309178
2021	305425

➡

交通事この発生けん数

年	けん数（けん）
2015	54万
2016	
2017	
2018	
2019	
2020	31万
2021	31万

左の表のけん数で，千の位の数字を四捨五入しよう。

（警察庁のし料より作成）

② 右のグラフ用紙に，一万の位までのがい数で表したけん数を，折れ線グラフに表しましょう。

交通事この発生けん数

③ 交通事この発生けん数がいちばん多い年は何年ですか。

（　　　　　　）

④ 2015年から2021年までの間で，交通事この発生けん数は約何けんへっていますか。

（　　　　　　）

⑤ 交通事この発生けん数がいちばん大きく変わっているのは，何年と何年の間ですか。

（　　　　　　）

19

折れ線グラフとぼうグラフ①

💡 ポイント!

折れ線グラフとぼうグラフを組み合わせて，1つのグラフで表すことができます。

グラフの左と右のたてのじくに，それぞれめもりをつけるよ。

1 はるとさんは，ある都市の月別の気温を折れ線グラフに，月別のこう水量をぼうグラフに表しました。次の問題に答えましょう。　　　　　[1つ　6点]

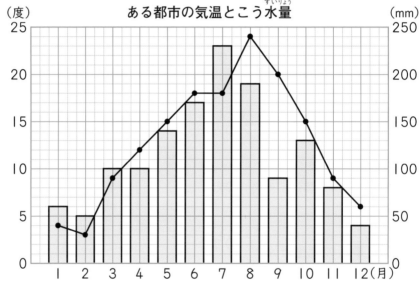

① 左のたてのじくは，何を表していますか。　　　（　　　　　　　　）

② 右のたてのじくは，何を表していますか。　　　（　　　　　　　　）

③ こう水量がいちばん多いのは何月で，何mmですか。

月 （　　　　　　　）　　　こう水量 （　　　　　　　）

④ 気温がいちばん低いのは何月で，何度ですか。

月 （　　　　　　　）　　　気温 （　　　　　　　）

2 さくらさんは，ある市場で1年間に取り引きされたきゅうりの量とねだんについて調べました。下のぼうグラフは取り引きされたきゅうりの量，下の表はきゅうり1kgのねだんを表しています。次の問題に答えましょう。　[1つ　8点]

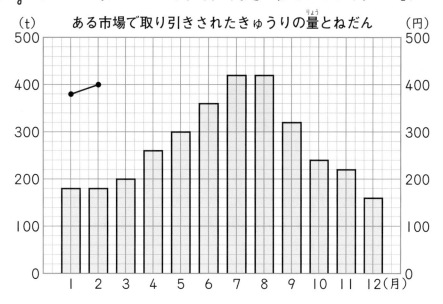

きゅうり1kgのねだん

月	1	2	3	4	5	6	7	8	9	10	11	12
ねだん（円）	380	400	320	280	260	260	180	300	340	260	300	320

① きゅうり1kgのねだんの折れ線グラフの続きをかきましょう。

② きゅうり1kgのねだんがいちばん高いのは何月で，何円ですか。

　　　　　　　月（　　　　　　　）　　　ねだん（　　　　　　　）

③ きゅうりの量がいちばん少ないのは何月で，何tですか。

　　　　　　　月（　　　　　　　）　　　量（　　　　　　　）

④ きゅうりの量がいちばん少ないときのきゅうり1kgのねだんは何円ですか。

　　　　　　　　　　　　　　　　　　　（　　　　　　　）

⑤ きゅうり1kgのねだんがいちばん安いときのきゅうりの量は何tですか。

　　　　　　　　　　　　　　　　　　　（　　　　　　　）

⑥ きゅうりの1kgのねだんの上がり方がいちばん大きいのは，何月と何月の間ですか。

　　　　　　　　　　　　　　　　　（　　　　　　　）

10 折れ線グラフとぼうグラフ②

💡 **ポイント!**

ぼうグラフと折れ線グラフを組み合わせて表すと，2つの変わり方の関係が
わかりやすくなります。

1 下のグラフは，りおさんの住んでいる町について，8月の最高気温の変わり方
を折れ線グラフに，あるお店の売れたすいかの数をぼうグラフに表したもので
す。次の問題に答えましょう。 [1つ 8点]

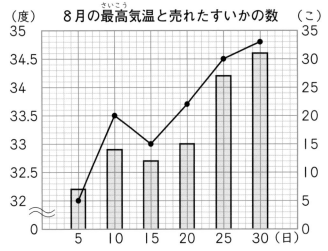

(度) 8月の最高気温と売れたすいかの数 （こ）

左のたてのじくは気温，
右のたてのじくは売れた
すいかの数を表している
ね。

① いちばん気温が高いのは何日で，すいかは何こ売れましたか。

日 （ 　　　　　 ） 売れた数 （ 　　　　　 ）

② いちばん気温が低いのは何日で，すいかは何こ売れましたか。

日 （ 　　　　　 ） 売れた数 （ 　　　　　 ）

③ 上のグラフからわかったことを，下のようにまとめます。□にあてはま
ることばを，「多い」「少ない」のどちらかで答えましょう。

気温が低い日とくらべて，気温が高い日に売れるすいかの数は

□ ことがわかります。

2 下のグラフは，かいとさんの住んでいる町の気温を折れ線グラフに，かいとさんの家でエアコンをつけていた時間をぼうグラフにまとめたものです。次の問題に答えましょう。　　　　　　　　　　　　　　　　　　　　［1つ　10点］

気温とエアコンをつけていた時間(毎月1日調べ)

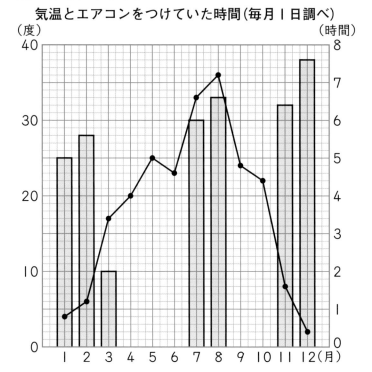

エアコンは，室内の空気の温度をあたためたり，冷やしたりする機械だよ。

かいとさんは，上のグラフについて，ひかりさん，れんさんと話しています。□にあてはまる数やことばを書きましょう。

ひかり

エアコンをつけていないのは，4月から6月と□月，□月だよ。

れん

そうだね。気温が10度以下の1月，2月，11月，12月と，気温が30度以上の□月，□月は，エアコンをつけていた時間が長いね。

かいと

気温が□ときは，だんぼうにせっ定して室内の温度を上げ，

気温が□ときは，冷ぼうにせっ定して室内の温度を下げたよ。

ひかり

なるほど。上のグラフから，気温とエアコンをつけていた時間には関係があることがわかったね。

折れ線グラフとぼうグラフ③

答え　別さつ7ページ

ポイント！

ぼうグラフと折れ線グラフを1つのグラフに表すときは，左と右のたてのじくのめもりが，それぞれ同じ間かくになるようにします。

1 ななみさんは，住んでいる町の気温と植物園の小学生の入園者数を2か月ごとに調べ，下の表にまとめました。これを折れ線グラフとぼうグラフに表します。次の問題に答えましょう。　　　　　　　　　　　　　　　　　　　　　　[1問　10点]

町の気温

月	2	4	6	8	10	12
気温（度）	10	16	18	26	24	14

植物園の小学生の入園者数

月	2	4	6	8	10	12
入園者数（人）	140	100	240	270	150	110

2か月ごとの気温と入園者数だから，月は横のじくに表すね。

（度）　町の気温と植物園の小学生の入園者数　　（人）

左のたてのじくは気温，右のたてのじくは入園者数を表すんだね。

① 左のたてのじくの□にあてはまる数を書きましょう。

② 気温の折れ線グラフの続きをかきましょう。

③ 右のたてのじくの□にあてはまる数を書きましょう。

④ 入園者数のぼうグラフの続きをかきましょう。

2 右の表は，日本が外国から買ったオレンジの量とその金がくを表したものです。次の問題に答えましょう。 ［1問　15点］

① 買った量を千の位までのがい数にして表します。右下の表を完成させましょう。

② 下のグラフ用紙に，千の位までのがい数で表した買った量を，ぼうグラフに表しましょう。

③ 下のグラフ用紙に，買った金がくを，折れ線グラフに表しましょう。

日本が外国から買った
オレンジの量と金がく

年	買った量（t）	買った金がく（億円）
2015	84113	127
2016	101543	141
2017	90593	138
2018	81593	137
2019	88213	131
2020	92909	142

年	買った量（t）	買った金がく（億円）
2015	84000	127
2016	102000	141
2017	91000	138
2018		137
2019		131
2020		142

（財務省貿易統計より作成）

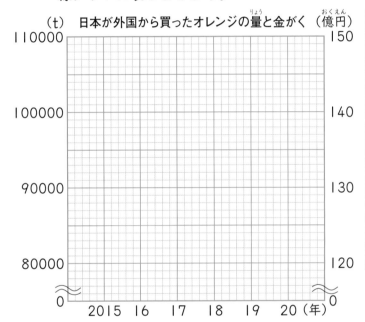

(t)　日本が外国から買ったオレンジの量と金がく（億円）

横のじくの「16」は「2016年」のことを表しているよ。

④ 上のグラフから読み取れることとして正しいものを，次のア～エから1つ選んで，記号で答えましょう。

　ア　買った量がいちばん多い年は，買った金がくもいちばん多い。

　イ　買った金がくがいちばん少ない年は，買った量もいちばん少ない。

　ウ　2015年と2020年の買った量をくらべると，2020年のほうが多い。

　エ　前の年よりも買った量がふえると，買った金がくも前の年よりふえている。

（　　　）

グラフと表 12

2つの折れ線グラフ①

とく点

点

答え 別さつ8ページ

💡 ポイント！

2つの折れ線グラフを重ねて表すと，変わり方のちがいがくらべやすくなります。

折れ線グラフの点の形や線の色を変えて，2つのグラフを区別しやすくするよ。

1 下の2つの折れ線グラフは，あの都市といの都市の月別気温を表したものです。次の問題に答えましょう。

[1問 10点]

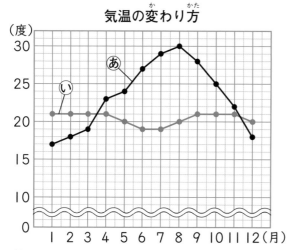

気温の変わり方

折れ線グラフが2つになっても，読み取り方はこれまでと同じだよ。

① あの都市といの都市の1月の気温のちがいは，何度ですか。

（　　　　　）

② あの都市で，いちばん気温が高いのは何月ですか。

（　　　　　）

③ あの都市がいの都市より気温が高いのは，何月から何月までですか。

（　　　　　）

④ あの都市といの都市では，気温の変わり方が大きいのはどちらですか。

（　　　　　）

2 下の折れ線グラフは，ゆいさんが育てたヘチマの高さの変わり方を表したものです。次の問題に答えましょう。　　　　　　　　　　　［1問　12点］

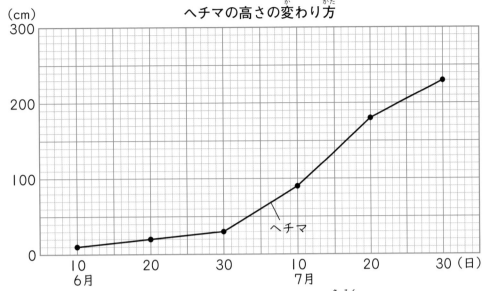

① 下の表は，ゆいさんが育てたアサガオの高さの記録です。上のグラフ用紙に，アサガオの高さの折れ線グラフをかき加えましょう。

アサガオの高さ

日にち	6月 10日	20	30	7月 10日	20	30
高さ(cm)	20	40	80	120	180	200

② ヘチマとアサガオの高さが同じになったのは，何月何日ですか。

（　　　　　　　　　　　　）

③ 6月20日と6月30日の間で，高さの変わり方が大きいのは，ヘチマとアサガオのどちらですか。

（　　　　　　　　　　　　）

④ ヘチマとアサガオの高さのちがいがいちばん大きかったのは何月何日ですか。

（　　　　　　　　　　　　）

⑤ ④のとき，どちらのほうが何cm高いですか。

（　　　　　　のほうが　　　　　　高い。）

13 2つの折れ線グラフ②

💡 ポイント!

2つの折れ線グラフを組み合わせたグラフをかくときは，いちばん大きい数といちばん小さい数が表せるように，たてのじくのめもりをつけます。

> たてのじくのめもりの間かくが等しくなっているか，かくにんしよう。

Ⅰ えいたさんは，家の庭で，気温と地面の温度を調べて下の表にまとめました。これを，折れ線グラフに表します。次の問題に答えましょう。 ［1問 13点］

気温と地面の温度の変わり方

時こく　　　（時）	午前6	8	10	12	午後2	4	6
気温　　　（度）	21	22	24	27	28	26	23
地面の温度（度）	17	20	23	29	28	23	20

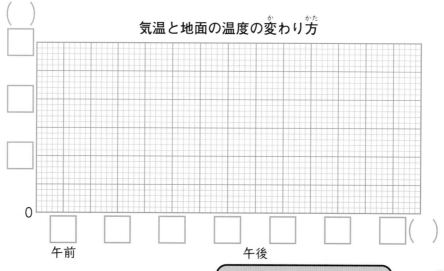

気温と地面の温度の変わり方

> 気温と地面の温度の2つの折れ線グラフを，区別しやすいように，点の形や線の色を変えて表そう。

① 横のじくの□にあてはまる数を書きましょう。

② 横のじくの（　）にあてはまる単位を書きましょう。

③ たてのじくの□にあてはまる数を書きましょう。

④ たてのじくの（　）にあてはまる単位を書きましょう。

⑤ 気温の変わり方を折れ線グラフに表しましょう。

⑥ 地面の温度の変わり方を折れ線グラフに表しましょう。

2 かほさんは，かっている熱帯魚の水そうを置く場所を考えています。下の2つの折れ線グラフは，冬のある日に，かほさんの部屋のまど側とドア側の気温を調べたものです。次の問題に答えましょう。　　　　　　　［1問　11点］

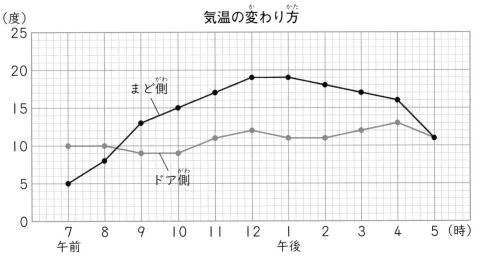

気温の変わり方

① まど側とドア側では，気温の変わり方が大きいのはどちらですか。

（　　　　　　　　）

② かほさんは，冬は，あたたかいところに熱帯魚の水そうを置きたいと考えています。熱帯魚の水そうは，昼の間はかほさんの部屋のまど側とドア側のどちらに置いたほうがよいですか。

（　　　　　　　　）

14

グラフと表 14

2つの折れ線グラフ③

とく点

点

答え 別さつ9ページ

ポイント!

たてのじくのめもりがちがう2つの折れ線グラフをくらべるときは，1つのグラフにまとめると，2つの変化の特ちょうがわかりやすくなります。

1 ひなたさんの学校では，使い終わった紙をリサイクルするために集めています。下のあといの折れ線グラフは，3年生と4年生が集めた紙の重さを，それぞれ表したものです。次の問題に答えましょう。　[1つ　8点]

あ

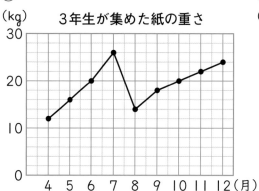

い

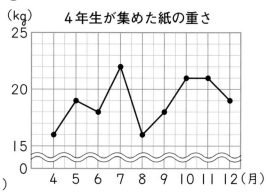

① あといのたてのじくの1めもりは，それぞれ何kgを表していますか。

あ (　　　　)　い (　　　　)

② 3年生と4年生が，4月に集めた紙の重さはそれぞれ何kgですか。

3年生 (　　　　)　4年生 (　　　　)

③ ひなたさんは，あといのグラフから，次のように考えました。

> 7月と8月の間をみると，あといは両方とも6めもり下がっているので，へった紙の重さは，3年生と4年生で同じです。

ひなたさんの考えは正しいといえますか。

(　　　　)

2 下の㋕と㋖のグラフは，Aの都市とBの都市の気温を調べて，折れ線グラフに表したものです。次の問題に答えましょう。　　　　[1問　15点]

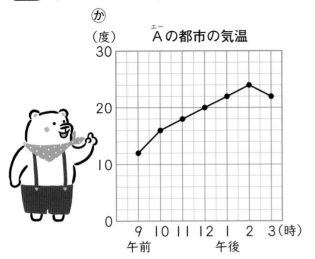

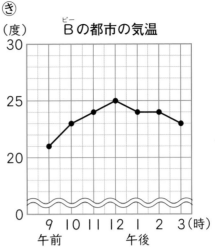

① ㋕と㋖のたてのじくの1めもりは，それぞれ何度を表していますか。

㋕（　　　　　　　　）　㋖（　　　　　　　　）

② AとBの2つの折れ線グラフを，㋗のグラフ用紙にそれぞれ表します。たてのじくの□にあてはまる数を書きましょう。

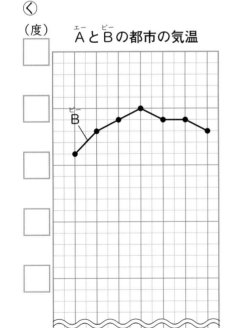

③ ㋗のグラフ用紙に，Aの都市の気温の折れ線グラフをかき加えましょう。

④ 2つの折れ線グラフから読み取れることとして正しいものを，次のア〜エから1つ選んで，記号で答えましょう。
ア　AとBの都市では，Aのほうが最高気温は高い。
イ　AとBの都市で，午前9時から午前10時の間の気温の上がり方が大きいのは，Bである。
ウ　Bの都市がAの都市よりも気温が高くなることはない。
エ　AとBの都市の午後2時の気温は同じである。

（　　　　　　）

とく点

点

答え 別さつ10ページ

> **おぼえよう**
>
> 折れ線グラフ…変わっていくものの様子がわかりやすいグラフ。
> ぼうグラフ…多いか，少ないかがわかりやすいグラフ。

1 次のア～エのうち，①折れ線グラフで表したほうがよいもの，②ぼうグラフで表したほうがよいものを，それぞれ2つずつ選んで，記号で答えましょう。

[1問　15点]

ア　毎年，4月にはかる自分の身長

イ　今年，日本に旅行に来た外国人の数とその出身国

ウ　あるパン屋で1日に売れたパンの種類と数

エ　1週間ごとに調べたヒマワリの高さ

① 折れ線グラフで表したほうがよいもの

（ ア ， ）

② ぼうグラフで表したほうがよいもの

（ イ ， ）

2 次の①，②は，下のア～エのどのグラフで表すとよいですか。あてはまるグラフを1つずつ選んで，記号で答えましょう。

[1問　20点]

① 教室のろうか側とまど側の，9月から12月までの月ごとの気温

（ ）

② あいさんが住んでいる県の，4月から7月までの月ごとの気温とこう水量

（ ）

ア

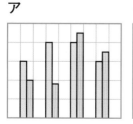

イ

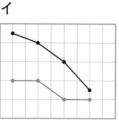

ウ

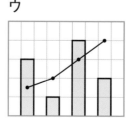

エ

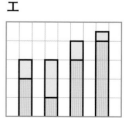

3 かなたさんは，水が入ったなべをあたためたり，冷やしたりしました。次の問題に答えましょう。

［1問　10点］

① なべに入った水があたたまる様子を表したグラフを，次のア〜ウから1つ選んで，記号で答えましょう。

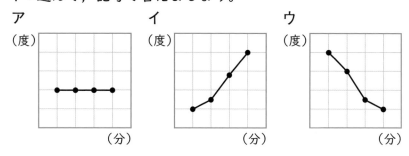

ア　（度）
イ　（度）
ウ　（度）
（分）

（　　　）

② なべに入った水が冷えていく様子を表したグラフを，①のア〜ウから1つ選んで，記号で答えましょう。

（　　　）

③ かなたさんは，水が入ったなべを5分間熱してあたためた後，火を止めて5分間冷ましました。このときの水の温度を表した折れ線グラフを，次のエ〜カから1つ選んで，記号で答えましょう。

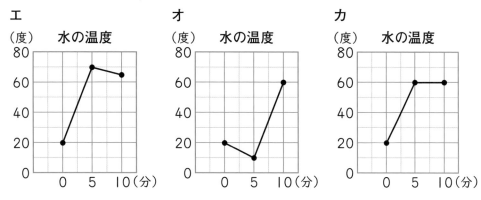

エ　（度）　水の温度
オ　（度）　水の温度
カ　（度）　水の温度

（　　　）

火を止めたということは，水の温度は下がっていくということだね。

データを読みとく問題①

とく点

点

答え 別さつ10ページ

 ポイント！

ぼうグラフや折れ線グラフの
かたむき方などから，しょう
来のデータの予想を立てるこ
ともできます。

いくつかのデータから関係を
見つけて，予想を立てること
もできるよ。

---

1 ゆうとさんは，8月に庭に植えた花の高さを調べて，下の折れ線グラフに表しました。次の問題に答えましょう。　　　　　　　　　　　　[1問　20点]

① ゆうとさんは，5日の記録をとるのを
わすれてしまいました。5日の花の高さ
について，グラフの □ に入ると予想され
る図を，次のア～ウから1つ選んで，記
号で答えましょう。

ア　　　　　イ　　　　　ウ

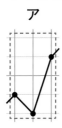 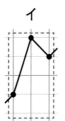 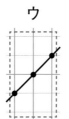

（　　　　　）

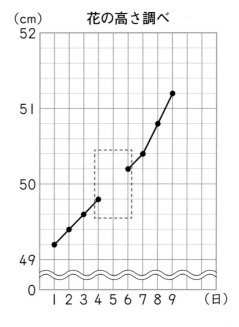

花の高さ調べ

② ゆうとさんは，右上のグラフを見て，下のようにまとめます。 □ にあて
はまることばを，「右下がり」「右上がり」のどちらかで答えましょう。

> グラフで，花の高さは6日から9日までずっと右上がりになっているので，
> 10日と11日の折れ線グラフは 〔　　　　　　〕 のグラフになると思います。

③ グラフから読み取れる花の高さの予想として正しいものを，次のア〜ウから1つ選んで，記号で答えましょう。

ア　このままのびていくと，10日の花の高さは51.6cmぐらいになりそうだ。

イ　このままのびていくと，11日の花の高さは1日の花の高さの3倍ぐらいになりそうだ。

ウ　このままのびていくと，9日から11日の間で，花の高さは4cmぐらい高くなりそうだ。

（　　　　　）

2　いちかさんは，1月から7月の住んでいる町の気温と，あるアイスクリーム店の売り上げを調べて，気温を折れ線グラフに，アイスクリーム店の売り上げをぼうグラフに表しました。次の問題に答えましょう。　　　〔1問　20点〕

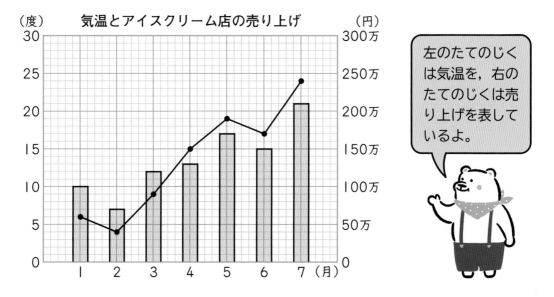

左のたてのじくは気温を，右のたてのじくは売り上げを表しているよ。

① 1月から7月の間において，気温が上がると，アイスクリーム店の売り上げはどうなっていますか。

（　　　　　）

② 8月の気温は7月より高くなるそうです。8月のアイスクリーム店の売り上げはどうなると予想できますか。

（　　　　　）

17 グラフと表 17
データを読みとく問題②

とく点　　点

答え 別さつ11ページ

ポイント！

グラフの線のかたむき方などから，読み取れることを見つけます。

まず，グラフの表題や，たてのじく，横のじくが何を表しているかをかくにんしよう。

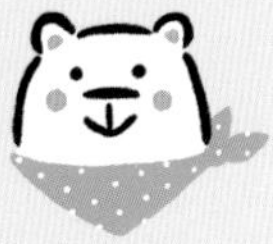

1 下の折れ線グラフは，ある市場でのトマト1kgのねだんの変わり方を表したものです。次の問題に答えましょう。　［1問　20点］

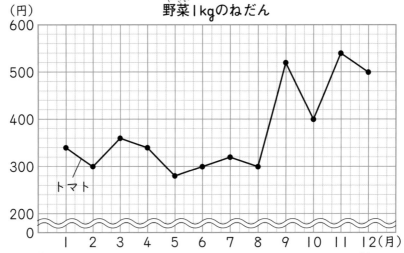

野菜1kgのねだん

① 上の折れ線グラフからわかることを，次のア～ウから1つ選んで，記号で答えましょう。

ア　トマトがいちばん売れた月

イ　トマト1kgのねだんが前の月より安くなった月

ウ　トマト1kgのねだんが前の年の同じ月より高かった月

（　　　　）

② 下の表は，ある市場でのねぎ1kgのねだんを調べたものです。これを，上のグラフ用紙に，折れ線グラフでかき加えましょう。

ねぎ1kgのねだん

月	1	2	3	4	5	6	7	8	9	10	11	12
ねだん（円）	400	500	460	480	420	380	320	300	400	260	220	260

左のページの折れ線グラフを見て，トマト1kgのねだんの変わり方の特ちょうを，次のようにまとめました。

> トマト1kgのねだんは，1月から8月より，9月から12月のほうが高いです。

③ ねぎ1kgのねだんの変わり方の特ちょうを書きましょう。

(　　　　　　　　　　　　　　　　　　)

④ トマト1kgのねだんと，ねぎ1kgのねだんが同じ月を，すべて書きましょう。

(　　　　　　　　　　　　　　　　　　)

[2] とうまさんは，4年1組と2組が図書室から借りた本の数を調べて，下のような折れ線グラフをつくりました。次の問題に答えましょう。　　　[1問　10点]

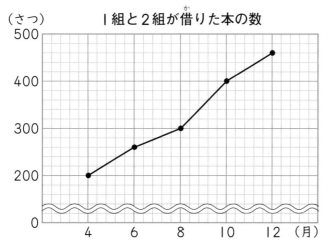

(さつ) 1組と2組が借りた本の数

> 1組が借りた本の数や2組が借りた本の数はわかるかな。

① 4年1組が8月に借りた本の数は162さつでした。4年2組が8月に借りた本の数は何さつですか。

(　　　　　　　　　　　　　　　　　　)

② とうまさんは，グラフを見て，次のように考えました。

> 借りた本の数の合計はふえ続けているので，1組も2組も，借りた本の数の合計は，それぞれふえ続けています。

とうまさんの考えは，正しいといえますか。

(　　　　　　　　　　　　　　　　　　)

データを読みとく問題③

れい

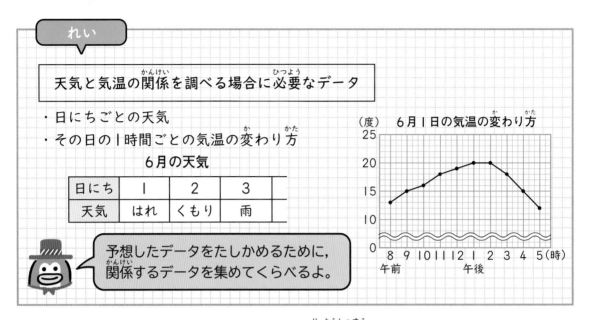

天気と気温の関係を調べる場合に必要なデータ

・日にちごとの天気
・その日の1時間ごとの気温の変わり方

6月の天気

日にち	1	2	3
天気	はれ	くもり	雨

予想したデータをたしかめるために，
関係するデータを集めてくらべるよ。

(度) 6月1日の気温の変わり方

---

1 めいさんたちは，ある図書館の6月の利用者数を表したぼうグラフを見ています。次の問題に答えましょう。　　　　　　　　　　　　　　　　　　[1問　20点]

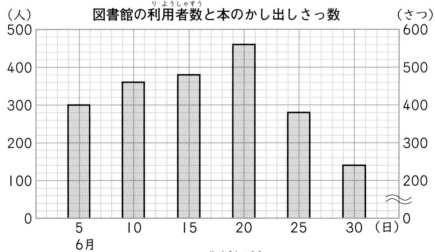

① 6月20日と6月25日の図書館の利用者数のちがいは何人ですか。

(　　　　　　　)

めい

6月5日から6月20日は図書館の利用者が多いね。利用者数がふえれば，本のかし出しさっ数もふえるのかな。

38

② めいさんは，予想をたしかめるために，図書館の6月の本のかし出しさっ数を調べて，下の表にまとめました。これを，左のページのグラフ用紙に，折れ線グラフでかき加えましょう。

6月の本のかし出しさっ数

日にち	5	10	15	20	25	30
さっ数（さつ）	420	500	420	460	520	280

かいとさんとめいさんは，グラフを見て，次のように話しています。

かいと

図書館の利用者数がふえると，本のかし出しさっ数はふえるといえるね。

めい

それはちがうよ。グラフをよく見ると，図書館の利用者数がふえても，本のかし出しさっ数はへっているところがあるよ。

③ めいさんは，グラフの何日と何日をくらべて，そのように言っていると考えられますか。

（　　　　　　　　　　　）

かいとさんは，図書館の利用者数をふやすために，次のように考えています。

かいと

図書館で，多くの人が借りている本の種類を調べて，その種類の本のさっ数をふやすと，図書館の利用者数はふえると思うよ。

④ 多くの人が借りている本の種類を調べるために，どのようなことがわかればよいですか。次のア〜エから1つ選んで，記号で答えましょう。
ア　毎月1日の図書館の利用者数
イ　図書館に新しく入荷される本の種類とさっ数
ウ　図書館でかし出しが多い本の種類とさっ数
エ　小学生の好きな本の種類とそれを選んだ人の数

（　　　　　　　　　　　）

⑤ ④で選んだことを調べて，グラフにまとめます。ぼうグラフと折れ線グラフのどちらで表すとよいですか。

（　　　　　　　　　　　）

19 グラフと表 19
データを読みとく問題④

とく点
点

答え 別さつ12ページ

ポイント!

いくつかのデータから関係を読み取ったり，予想を立てたりすることができます。

あるデータで，ふえたりへったりしているとき，ほかのデータでは，どのような変化が見られるかな。

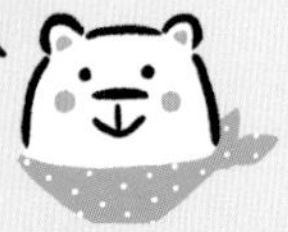

1 つむぎさんの家はパン屋です。つむぎさんは，家のパン屋の売り上げについて調べました。下の表は，パンの種類ごとのねだんを，右のぼうグラフは，1週間に売れたパンの数を表しています。次の問題に答えましょう。[1問　20点]

種類ごとのパンのねだん

種類	ねだん(円)
あんパン	150
ジャムパン	120
クリームパン	160
カレーパン	200
食パン	280

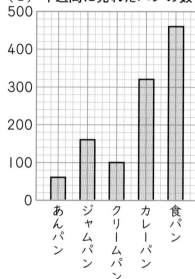

(こ)　1週間に売れたパンの数

① あんパンの1週間の売り上げは何円ですか。

(　　　　　　)

② つむぎさんは，データを見て，次のように考えました。

パンのねだんが安くなるほど，売れる数はふえます。

つむぎさんの考えは正しいといえますか。

(　　　　　　)

つむぎさんは，もっとくわしく調べるために，下のように，曜日別の売れたパンの全部の数をぼうグラフに，1日の売り上げを折れ線グラフに表しました。

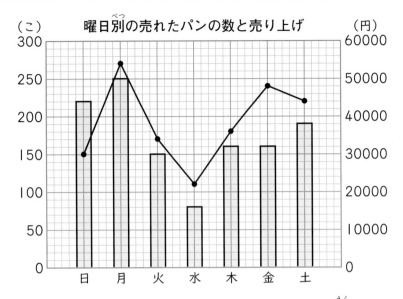

③ 上のグラフから読み取れることを，次のア～ウから1つ選んで，記号で答えましょう。

　ア　売れたパンの数がふえると，売り上げもふえる。

　イ　売れたパンの数が同じ日は，売り上げも同じになる。

　ウ　水曜日は，売れたパンの数と売り上げがいちばん少ない。

（　　　　）

下のグラフは，つむぎさんが8月1日から5日まで，1日に何円のおこづかいを使ったかを表したものです。

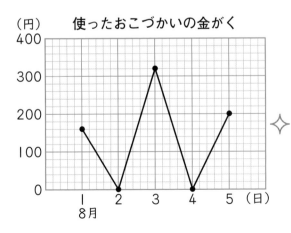

使ったおこづかいの金がく

④ おこづかいを使わなかった日を，すべて書きましょう。

（　　　　　　　　　　）

✧ ⑤ つむぎさんが8月3日に使ったおこづかいは，すべて，表の5種類のパンのうち，2種類のパンを1こずつ買うために使いました。つむぎさんは，どのパンとどのパンを買いましたか。

（　　　　　　　　　　）

20 グラフと表 20

データを読みとく問題⑤

とく点

点

答え 別さつ12ページ

ポイント!

いくつかのデータがあるときは，目的にあわせてデータを使い分けます。

いくつかのデータをあわせて見ることで，
わかることもあるよ。

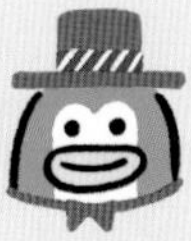

1 めいさんは，ある図書館の利用者数に関することを調べ，下のデータ1～4を見つけました。次の問題に答えましょう。 ［1問　20点］

データ1

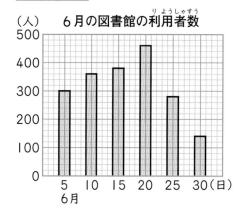

データ2

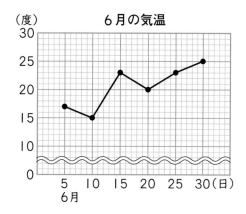

データ3

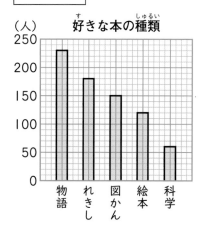

データ4

読書月間　行事のお知らせ

おすすめの本のしょうかい

日付	本の種類
6月5日	科学
6月7日	図かん
6月12日	れきし
6月15日	絵本
6月17日	スポーツ
6月20日	物語

めいさんは，データを見て，次のように予想しています。

めい

> データ1で，6月25日，6月30日の図書館の利用者数（りようしゃすう）がへっているのは，その日の気温が低（ひく）くて，寒かったからだと思うよ。

① めいさんの予想は，データ1のほかに，どのデータを見ればわかりますか。

（　　　　　　　　　　）

② めいさんの予想は正しいといえますか。

（　　　　　　　　　　）

れんさんとひかりさんは，データを見て，次のように話しています。

れん

> 6月は読書月間で，図書館の利用者数（りようしゃすう）が多かったそうだよ。

ひかり

> データ1では，6月20日の図書館の利用者数（りようしゃすう）がいちばん多いよ。
> 6月20日に図書館では，何か行われたのかな。

③ 6月20日に，図書館では，おすすめの本のしょうかいが行われていました。
6月20日にしょうかいされた本の種類（しゅるい）は何ですか。

（　　　　　　　　　　）

④ ③は，どのデータを見ればわかりますか。

（　　　　　　　　　　）

✧ ⑤ 6月20日の図書館の利用者数（りようしゃすう）がいちばん多いのは，なぜだと予想できますか。

（　　　　　　　　　　）

21 倍の見方①

点

答え 別さつ12ページ

おぼえよう

もとにする大きさを1とみたとき，くらべる大きさがどれだけにあたるかを表した数を，割合といいます。

※「くらべる大きさ」は「くらべられる大きさ」ともいいます。

もとにする大きさ → □倍 → くらべる大きさ
1とみる   □ 割合

| くらべる大きさ | ÷ | もとにする大きさ | = | 何倍にあたるか（割合） |

1 大きいバケツに入る水の量は10Lで，小さいバケツに入る水の量は5Lです。大きいバケツに入る水の量は，小さいバケツに入る水の量の何倍になるかを考えます。次の問題に答えましょう。 ［1つ　10点］

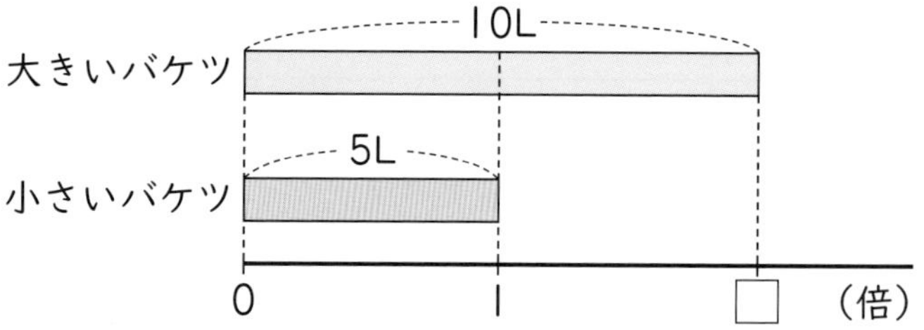

小さいバケツに入る水の量を1とみて，大きいバケツに入る水の量がいくつにあたるかを表した数を割合というよ。

大きいバケツ ── 10L ──

小さいバケツ ── 5L ──

0   1   □ （倍）

① もとにする大きさとくらべる大きさは，それぞれ何ですか。

もとにする大きさ （ 小さいバケツに入る水の量 ）

くらべる大きさ （　　　　　　　　　　　　　）

② 大きいバケツに入る水の量は，小さいバケツに入る水の量の何倍ですか。

式　10÷5＝

答え （　　　　　　　）

③ 5Lを1とみると，10Lはいくつにあたりますか。

（　　　　　　　）

2 AとBの2本のゴムをいっぱいまでのばしました。AとBのゴムの長さは，それぞれ右の表のようになっています。次の問題に答えましょう。

[1問　10点]

ゴムの長さ

	もとの長さ	のばしたときの長さ
A	15cm	30cm
B	10cm	30cm

① のばしたときのAのゴムの長さは，もとの長さの何倍ですか。

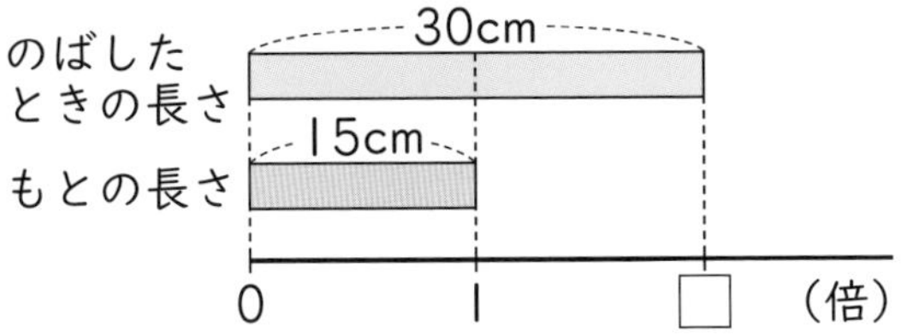

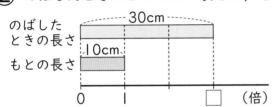

式

答え（　　　　　）

② のばしたときのBのゴムの長さは，もとの長さの何倍ですか。

のばした
ときの長さ
[30cm]

もとの長さ
[10cm]

0　　1　　　　□　（倍）

式

答え（　　　　　）

③ □にあてはまる数を書きましょう。

(1) Aのゴムのもとの長さを1とみると，のばしたときの長さは [　　] にあたります。

(2) Bのゴムのもとの長さを1とみると，のばしたときの長さは [　　] にあたります。

3 箱に入ったくだものの重さを調べました。みかんとりんごの重さは，それぞれ右の表のようになっています。りんごの重さは，みかんの重さの何倍ですか。　[20点]

くだものの重さ

	重さ
みかん	4kg
りんご	24kg

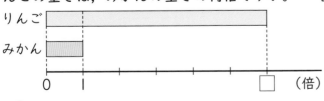

式

答え（　　　　　）

倍の見方②

とく点

点

答え 別さつ13ページ

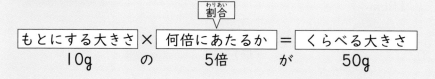

割合

もとにする大きさ	×	何倍にあたるか	=	くらべる大きさ
10g	の	5倍	が	50g

I 学校の花だんに，赤い花20本と白い花がさいています。白い花の数は，赤い花の3倍です。次の問題に答えましょう。　　　　　[1問　10点]

① 白い花の数を□本として，下の図に表します。

□にあてはまる数を書きましょう。

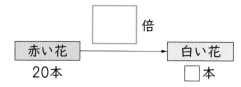

□倍

| 赤い花 | → | 白い花 |
| 20本 | | □本 |

もとにする大きさは，赤い花の数だね。

② 白い花の数は何本ですか。

式　20×3＝

答え（　　　　　　　）

③ □にあてはまる数を書きましょう。

20本を1とみたとき，3にあたる大きさは　　　本です。

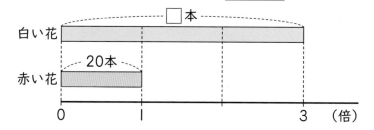

2 ひなさんは，毎日本を読んでいます。きのう読んだ本のページ数は40ページで，今日はきのうの4倍のページ数を読みました。次の問題に答えましょう。

[1つ　10点]

① 今日読んだ本のページ数を□ページとして，下の図に表します。□にあてはまる数を書きましょう。

```
                      ┌──────┐ 倍
                      │      │
┌──────────────────┐  │      │   ┌──────────────────────┐
│ きのう読んだ本のページ数 │──────────→│ 今日読んだ本のページ数      │
└──────────────────┘              └──────────────────────┘
  ┌──────┐                             □ページ
  │      │
  └──────┘ ページ
```

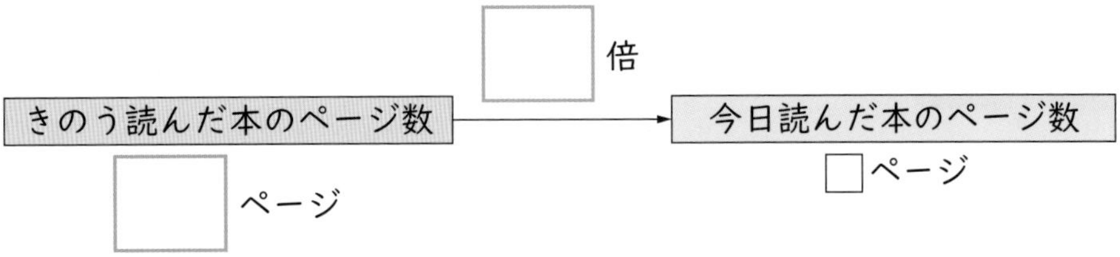

② 今日読んだ本のページ数は，何ページですか。

式

答え（　　　　　　　　）

3 あるパン屋で売られているパンのねだんを，右の表にまとめました。次の問題に答えましょう。

[1問　10点]

パンのねだん

あんパン	110円
サンドウィッチ	□円
食パン	□円

① サンドウィッチのねだんは，あんパンのねだんの2倍です。サンドウィッチのねだんは何円ですか。

```
          ┌─ □円 ─┐
サンドウィッチ │        │
         ┌─110円─┐
あんパン   │      │
         └──────┴────┘
         0      1    2(倍)
```

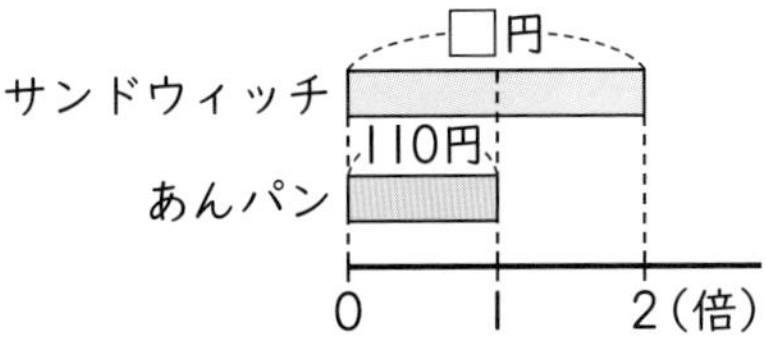

式

答え（　　　　　　　　）

② 食パンのねだんは，あんパンのねだんの5倍です。食パンのねだんは何円ですか。

```
         ┌──────── □円 ────────┐
食パン    │                      │
        ┌─110円─┐
あんパン  │      │
        └──────┴──────────────┘
        0      1                5(倍)
```

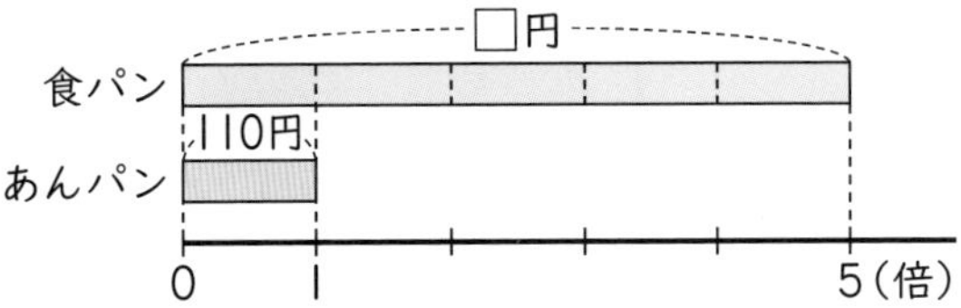

式

答え（　　　　　　　　）

③ □にあてはまる数を書きましょう。

(1) あんパンのねだんを1とみると，サンドウィッチのねだんは ┌──────┐ にあたります。

(2) あんパンのねだんを1とみると，食パンのねだんは ┌──────┐ にあたります。

倍の見方③

おぼえよう

・ もとにする大きさ × 何倍にあたるか = くらべる大きさ

・ くらべる大きさ ÷ 何倍にあたるか = もとにする大きさ

わからない数を□として，式に表すと
わかりやすいね。

1 ある動物園の大人の入園料は620円で，子どもの入園料の2倍です。子どもの
入園料を求めます。次の問題に答えましょう。 ［1問 10点］

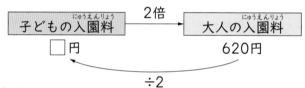

子どもの入園料	→2倍→	大人の入園料
□円		620円
	←÷2←	

① 子どもの入園料を□円として，かけ算の式で表しましょう。

$$\left(\square \times 2 = \right)$$

② □にあてはまる数を求めましょう。

式 $620 \div 2 =$

①の式の□にあては
まる数を，わり算の
式で求めるよ。

答え ( )

③ □にあてはまる数を書きましょう。

620円を2とみると，1にあたる

大きさは [ ] 円です。

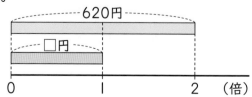

2 そうまさんがかっているハムスターの今の体重は35gで，今の体重は生まれたときの7倍です。生まれたときのハムスターの体重を求めます。次の問題に答えましょう。 [1つ 10点]

① 生まれたときのハムスターの体重を□gとして，下の図に表します。□にあてはまる数を書きましょう。

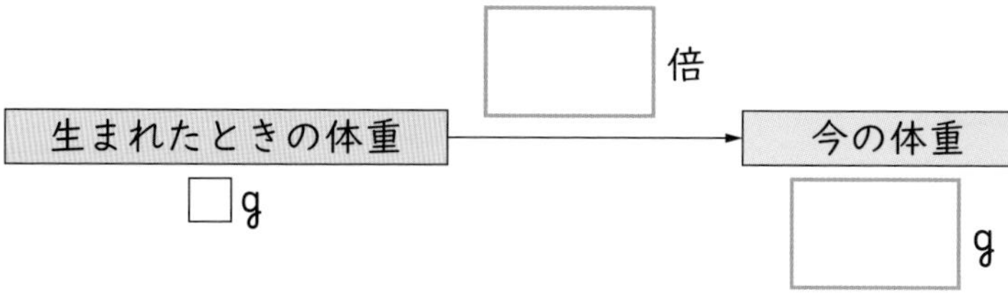

```
                    ┌──────┐
                    │      │倍
                    └──────┘
┌─────────────────┐        ┌──────────────┐
│ 生まれたときの体重 │───────▶│  今の体重      │
└─────────────────┘        └──────────────┘
      □g                    ┌──────┐
                            │      │g
                            └──────┘
```

② 生まれたときのハムスターの体重を□gとして，かけ算の式で表しましょう。

( )

③ □にあてはまる数を求めましょう。

式

答え ( )

3 赤，青，黄色のコップに，それぞれジュースが入っています。黄色のコップには，870mLのジュースが入っています。次の問題に答えましょう。 [1問 15点]

870mL

① 青のコップに入っているジュースの量の3倍が，黄色のコップに入っているジュースの量です。青のコップに入っているジュースの量は何mLですか。

式

青のコップに入っているジュースの量を□mLとして，かけ算の式で表してから求めよう。

答え ( )

② 赤のコップに入っているジュースの量の5倍が，黄色のコップに入っているジュースの量です。赤のコップに入っているジュースの量は何mLですか。

式

答え ( )

24 倍の見方④

れい

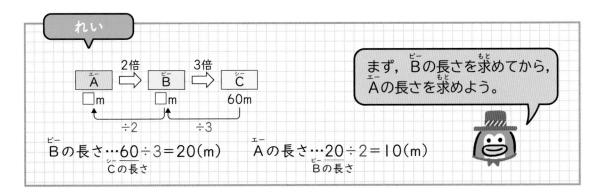

まず，Bの長さを求めてから，Aの長さを求めよう。

Bの長さ…60÷3＝20(m)　Aの長さ…20÷2＝10(m)

---

1 デパートの高さは36mで，これは学校の高さの3倍です。学校の高さは，りほさんの家の高さの2倍です。次の問題に答えましょう。　　　　［1つ　10点］

① それぞれの高さを，図に表して考えます。□にあてはまる数を書きましょう。

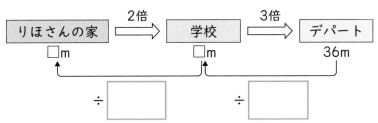

② 学校の高さは，何mですか。

式　36÷3＝

答え（　　　　　　　　）

③ りほさんの家の高さは，何mですか。

式

学校の高さはくらべる大きさになるよ。

答え（　　　　　　　　）

2 青のかばんの重さは16kgで，これは茶色のかばんの重さの4倍です。茶色のかばんの重さは，黒のかばんの重さの2倍です。次の問題に答えましょう。

[1問　15点]

① 茶色のかばんの重さは，何kgですか。

式

答え（　　　　　　　）

② 黒のかばんの重さは，何kgですか。

式

答え（　　　　　　　）

3 水そうの水の量は200dLで，これはペットボトルの水の量の10倍です。ペットボトルの水の量は，水とうの水の量の5倍です。水とうの水の量は何dLですか。

[15点]

式　ペットボトルの水の量…

水とうの水の量…

答え（　　　　　　　）

4 あめの数は72こで，これはチョコレートの数の4倍です。チョコレートの数は，キャラメルの数の3倍です。キャラメルの数は何こですか。　　[15点]

式　チョコレートの数…

キャラメルの数…

まず，チョコレートの数を求めてから，キャラメルの数を求めよう。

答え（　　　　　　　）

倍の見方⑤

れい

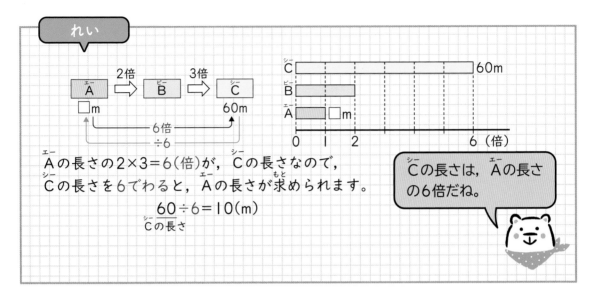

Aの長さの2×3＝6(倍)が，Cの長さなので，
Cの長さを6でわると，Aの長さが求められます。

$$60÷6=10(m)$$
Cの長さ

Cの長さは，Aの長さの6倍だね。

① デパートの高さは36mで，これは学校の高さの3倍です。学校の高さは，りほさんの家の高さの2倍です。りほさんの家の高さが何mかを，下のような図に表して考えます。次の問題に答えましょう。　　［1問　10点］

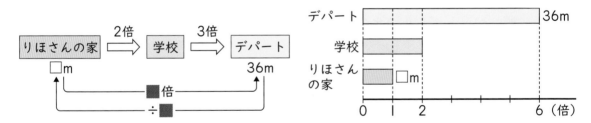

① デパートの高さは，りほさんの家の高さの何倍ですか。

式　2×3＝

答え（　　　　　　　）

② りほさんの家の高さは，何mですか。

式　36÷6＝

答え（　　　　　　　）

2 かんに入ったシールの数は120まいで、これは箱に入ったシールの数の2倍です。箱に入ったシールの数は、ふくろに入ったシールの数の4倍です。次の問題に答えましょう。　［1問　20点］

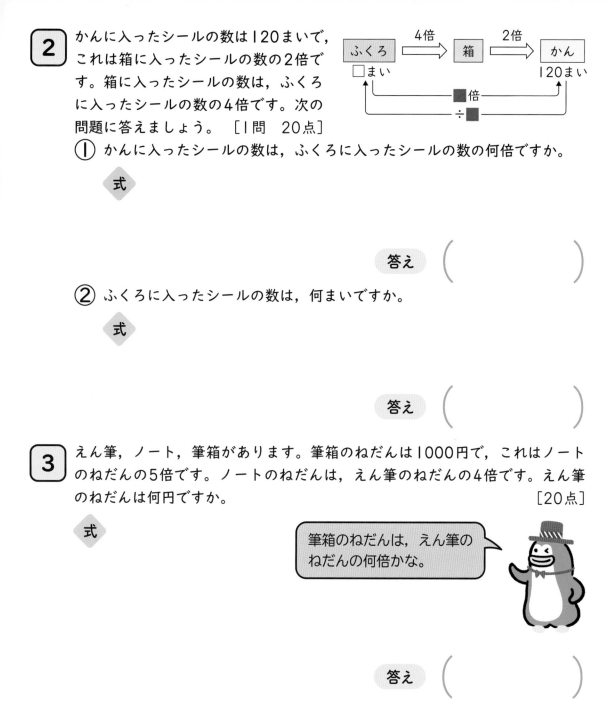

① かんに入ったシールの数は、ふくろに入ったシールの数の何倍ですか。

式

答え（　　　　　　　）

② ふくろに入ったシールの数は、何まいですか。

式

答え（　　　　　　　）

3 えん筆、ノート、筆箱があります。筆箱のねだんは1000円で、これはノートのねだんの5倍です。ノートのねだんは、えん筆のねだんの4倍です。えん筆のねだんは何円ですか。　　　　　　　［20点］

式

筆箱のねだんは、えん筆のねだんの何倍かな。

答え（　　　　　　　）

4 ノート、物語の本、図かんがあります。図かんの重さは1500gで、これは物語の本の重さの4倍です。物語の本の重さは、ノートの重さの3倍です。ノートの重さは何gですか。　　　　　　　［20点］

式

答え（　　　　　　　）

れい

下のような白と青のゴムがあります。

- ・20cmの白のゴムをのばすと80cmになる。
- ・30cmの青のゴムをのばすと90cmになる。

もとの大きさがちがうときは，倍を使ってくらべることがあるよ。

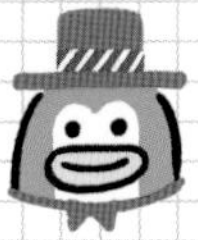

のばした後の長さがもとの長さの何倍にあたるかをくらべると，

白… 80 ÷ 20 = 4 （倍）　　青… 90 ÷ 30 = 3 （倍）
　　くらべる　もとにする　　　　くらべる　もとにする
　　大きさ　　大きさ　　　　　　大きさ　　大きさ

のび方の割合が大きい白のゴムのほうが，よりのびたといえます。

---

1 あるお店では，たまねぎとレタスのねだんを下のようにねあげしました。次の問題に答えましょう。　　　　　　　　　　　　　　　　　　　　　　　［1つ　10点］

> **たまねぎ（1こ）**
> もとのねだん　　ねあげ後
> 　50円　➡　　150円

> **レタス（1こ）**
> もとのねだん　　ねあげ後
> 　100円　➡　　200円

① たまねぎのもとのねだんとねあげ後のねだんをくらべるために，図に表して考えます。□ にあてはまる数を書きましょう。

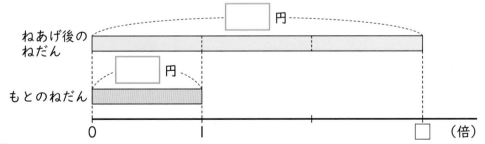

② たまねぎのねあげ後のねだんは，もとのねだんの何倍になっていますか。

式　150÷50＝

答え　（　　　　　　　　）

③ レタスのもとのねだんとねあげ後のねだんをくらべるために，図に表して考えます。□にあてはまる数を書きましょう。

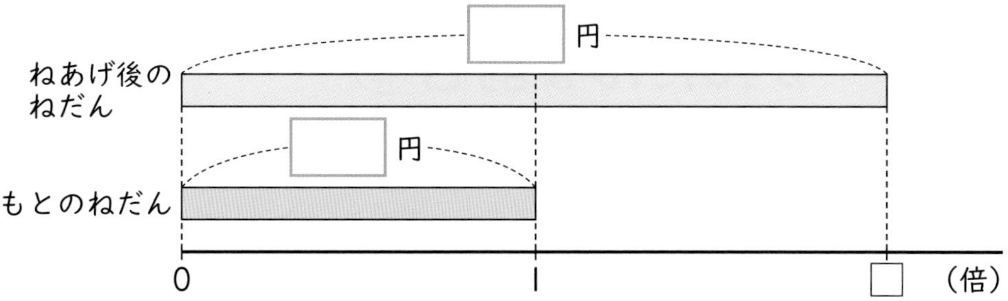

④ レタスのねあげ後のねだんは，もとのねだんの何倍になっていますか。

式

答え（　　　　　　　）

⑤ 割合でくらべると，たまねぎとレタスでは，どちらのほうが大きくねあがりしたといえますか。

（　　　　　　　）

2 ある動物園で，白うさぎと黒うさぎが1羽ずつ生まれました。生まれたときと生後1か月の体重をはかると，下のようになりました。次の問題に答えましょう。

[1問　10点]

白うさぎ	生まれたとき 30g	➡	生後1か月 150g

黒うさぎ	生まれたとき 40g	➡	生後1か月 160g

① 白うさぎの生後1か月の体重は，生まれたときの体重の何倍になっていますか。

式

答え（　　　　　　　）

② 黒うさぎの生後1か月の体重は，生まれたときの体重の何倍になっていますか。

式

答え（　　　　　　　）

③ 割合でくらべると，白うさぎと黒うさぎでは，どちらのほうがより重くなったといえますか。

（　　　　　　　）

かんたんな割合②

答え ▶ 別さつ15ページ

とく点

点

💡 ポイント！

もとの大きさがちがう2つのものは，もとにする
大きさをどちらも1とみて，割合でくらべます。

ねあげ後のねだんは，
もとのねだんの何倍に
なっているかな。

	もとのねだん	ねあげ後のねだん	割合
たまねぎ	50円	150円	→3（倍）
レタス	100円	200円	→2（倍）

1　20cmの長さのゴムAをいっぱいまでのばすと，40cmになります。10cmの長
さのゴムBをいっぱいまでのばすと，30cmになります。割合でくらべると，ど
ちらのゴムがよくのびるといえますか。　　　　　　　　　　　　　　　　[25点]

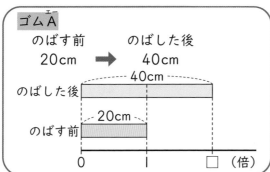

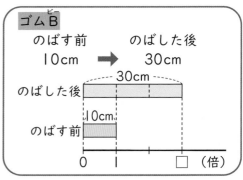

式　ゴムA…40÷20＝

　　ゴムB…

どちらものびた長さは
20cmだけど，割合で
くらべると…。

答え　（　　　　　　　　　）

2 りんさんとわたるさんは，水そうでめだかを育てています。それぞれ右の表のように，めだかがふえました。割合(わりあい)でくらべると，りんさんとわたるさんのどちらのほうが，めだかがより大きくふえたといえますか。　[25点]

めだかの数

	1年前	今
りん	10ぴき	70ぴき
わたる	15ひき	75ひき

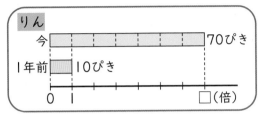
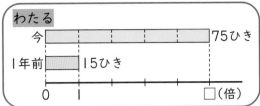

式　りんさん…

　　　わたるさん…

答え（　　　　　　）

3 ある本屋で，図かんと絵本の先月と今月の売れたさっ数は，右の表のようになりました。割合(わりあい)でくらべると，より売れたのは，図かんと絵本のどちらといえますか。　[25点]

売れたさっ数

	先月	今月
図かん	70さつ	210さつ
絵本	140さつ	280さつ

式　図かん…

　　　絵本…

答え（　　　　　　）

4 あるお店で，先月1本30円だったきゅうりが今月120円にねあがりしました。また，先月1こ45円だったじゃがいもが今月135円にねあがりしました。割合(わりあい)でくらべると，どちらのほうが大きくねあがりしたといえますか。　[25点]

式　きゅうり…

　　　じゃがいも…

答え（　　　　　　）

小数の倍①

💡 **ポイント!**

倍を表す数が小数になることもあります。

10cm ──□倍→ 12cm

12cmは10cmの1.2倍の長さだね。

$$12 \div 10 = 1.2 (倍)$$

1 あさひさんの学校は，3年生は60人，4年生は72人います。4年生の人数は，3年生の人数の何倍になるかを考えます。次の問題に答えましょう。

[1つ 10点]

① もとにする大きさとくらべる大きさは，それぞれ何ですか。

もとにする大きさ （3年生の人数）

くらべる大きさ （　　　　　　　）

② 4年生の人数は，3年生の人数の何倍ですか。

3年生の人数 ──□倍→ 4年生の人数
60人　　　　　　　　 72人

式 $72 \div 60 =$

倍を表す数が小数になっても，倍を表す数の求め方は変わらないよ。

答え （　　　　　　　）

③ □ にあてはまる数を書きましょう。

3年生の人数を1とみると，4年生の人数は □ にあたります。

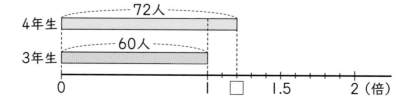

4年生　72人
3年生　60人
0　　　　　　　1　□　1.5　　2（倍）

2 右の表は，緑，赤，青，白の4本のリボンの長さを表したものです。緑のリボンの長さは白のリボンの長さの4倍です。次の問題に答えましょう。［1問　10点］

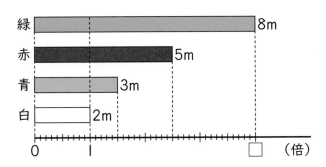

リボンの長さ

緑	8m
赤	5m
青	3m
白	2m

① 上の図の□にあてはまる数は何ですか。

（　　　　　）

② 赤のリボンの長さは，白のリボンの長さの何倍ですか。

　式

答え（　　　　　）

③ 青のリボンの長さは，白のリボンの長さの何倍ですか。

　式

答え（　　　　　）

3 右の表は，あんさん，そらさん，みゆさんの3人が持っているシールのまい数を表したものです。次の問題に答えましょう。　　　　　　　［1問　10点］

シールのまい数

あん	180まい
そら	90まい
みゆ	50まい

① あんさんが持っているシールのまい数は，そらさんの何倍ですか。

　式

答え（　　　　　）

② あんさんが持っているシールのまい数は，みゆさんの何倍ですか。

　式

答え（　　　　　）

③ そらさんが持っているシールのまい数は，みゆさんの何倍ですか。

　式

答え（　　　　　）

小数の倍②

 ポイント！

倍を表す数が1より小さくなることもあります。

10cm ─□倍→ 8cm

8cmは10cmの0.8倍の長さだね。

$$8 \div 10 = 0.8（倍）$$

---

1 箱に，大きいクリップが60こ，小さいクリップが30こ入っています。小さいクリップの数は，大きいクリップの数の何倍かを考えます。次の問題に答えましょう。 [1つ 10点]

① もとにする大きさとくらべる大きさは，それぞれ何ですか。

もとにする大きさ （大きいクリップの数）

くらべる大きさ （　　　　　　　　　）

② 小さいクリップの数は，大きいクリップの数の何倍ですか。

大きいクリップの数 ─□倍→ 小さいクリップの数
　　60こ　　　　　　　　　　　30こ

式 $30 \div 60 =$

答え （　　　　　　　　　）

③ □にあてはまる数を書きましょう。

大きいクリップの数を1とみると，小さいクリップの数は [　　] にあたります。

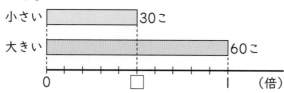

倍を表す数が1より小さくなっても，倍の意味は変わらないよ。

2 お茶が，やかんに25dL，水とうに5dL入っています。水とうに入っている量は，やかんに入っている量の何倍ですか。 ［15点］

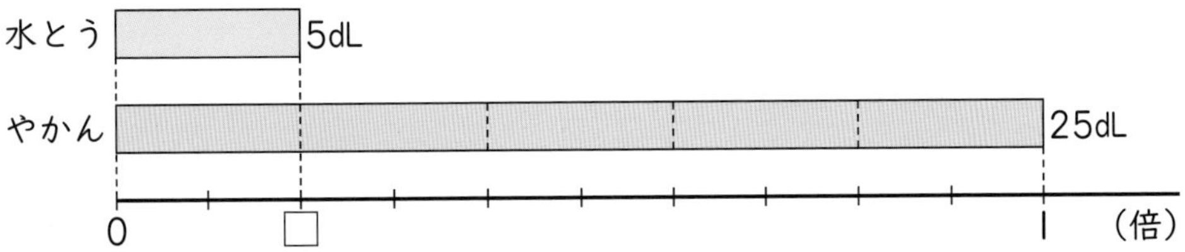

水とう ▭ 5dL

やかん ▭ 25dL

0　　□　　　　　　　　　　　　　　　　　　　　1 （倍）

式

答え （　　　　　　　　　）

3 右の表は，あるお店で売られているおかしのねだんを，それぞれ表したものです。次の問題に答えましょう。 ［1問　15点］

おかしのねだん

アイスクリーム	200円
ゼリー	100円
あめ	40円

① ゼリーのねだんは，アイスクリームの何倍ですか。

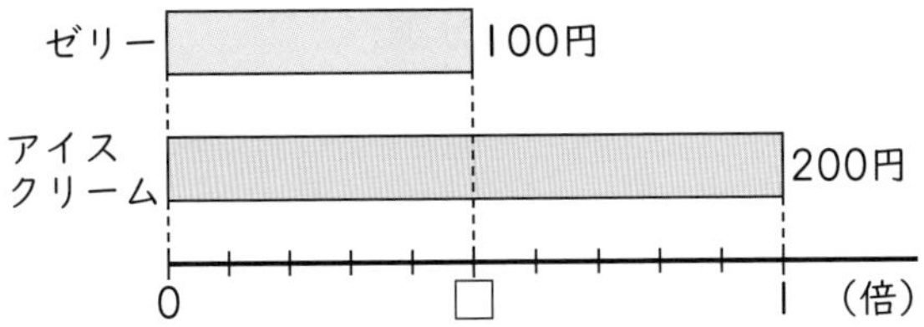

ゼリー ▭ 100円

アイスクリーム ▭ 200円

0　　　　□　　　　1 （倍）

式

答え （　　　　　　　　　）

② ゼリーのねだんは，あめの何倍ですか。

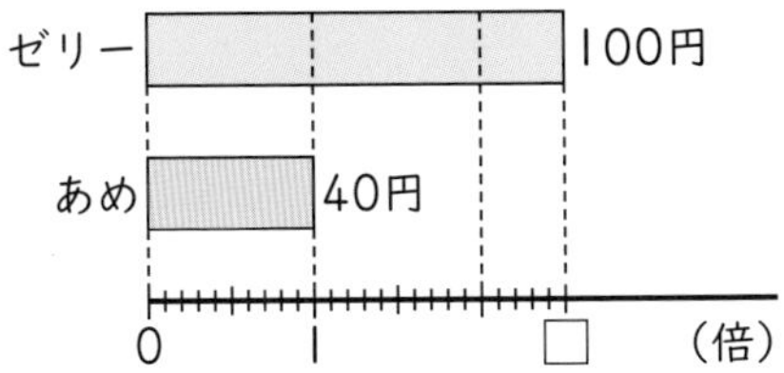

ゼリー ▭ 100円

あめ ▭ 40円

0　　　1　　　□ （倍）

式

答え （　　　　　　　　　）

③ あめのねだんは，ゼリーの何倍ですか。

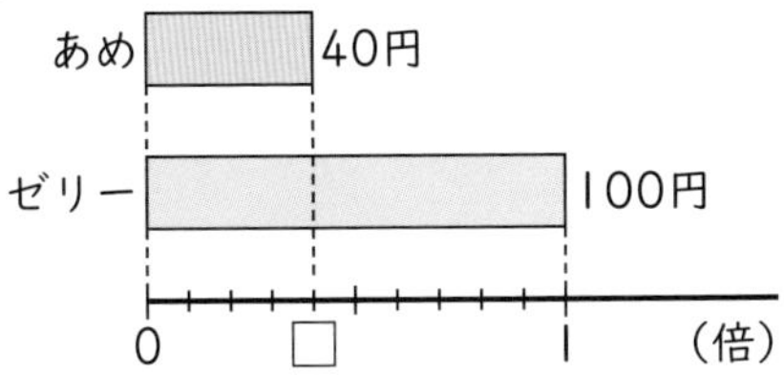

あめ ▭ 40円

ゼリー ▭ 100円

0　　□　　　1 （倍）

式

答え （　　　　　　　　　）

30 表に整理する①

れい

4年1組と2組で，昼休みにいた場所を調べて，右の表に整理しました。

○でかこんだ4は，1組で教室にいた人の数を表しているよ。

昼休みにいた場所　　　（人）

組＼場所	教室	運動場	図書室	体育館	合計
1組	→④	10	6	10	30
2組	6	10	9	5	30
合計	10	20	15	15	60

1 えいとさんは，10月に学校でけがをした場所と体の部分を調べて，下の表に整理しました。次の問題に答えましょう。　　　　[1問　10点]

けがをした場所と体の部分調べ　　　（人）

場所＼体の部分	頭	顔	せなか	手足	合計
体育館	2	1	1	5	9
運動場	0	2	2	9	13
教室	1	0	0	2	3
ろうか	1	0	5	4	10
合計	4	3	8	20	⑤35

① 体育館で，手足をけがした人は何人ですか。

（　　5人　　）

② 頭をけがした人の合計は何人ですか。

（　　　　）

③ いちばんけがをした人が多かった場所はどこですか。

（　　　　）

④ 表中の⑤の35は，何を表していますか。

（　　　　）

2 りくさんは，4年1組と2組で，ネコや犬をかっている人を調べて，下の表に整理しています。次の①～④は，表の⑧～①のどこにあてはまりますか。

[1問 10点]

ネコや犬をかっている人調べ　（人）

組＼種類	ネコ	犬	合計
1組	⑧	ⓘ	ⓞ
2組	ⓤ	ⓔ	ⓚ
合計	ⓚ	ⓛ	ⓕ

① 1組でネコをかっている人の数 （　　　　　）

② 2組で犬をかっている人の数 （　　　　　）

③ 1組でネコや犬をかっている人の合計 （　　　　　）

④ 1組と2組で犬をかっている人の合計 （　　　　　）

3 すずさんは，学年ごとに好きな教科を調べて，下の表に整理しました。次の問題に答えましょう。

[1問 10点]

好きな教科調べ　　　　（人）

学年＼教科	国語	算数	理科	社会	合計
4年	13	19	24	8	64
5年	21	⑧16	15	15	67
6年	9	22	5	20	56
合計	43	57	44	43	187

① 表中の⑧の16は，何年のどんな教科が好きな人の数ですか。

（　　　　　の　　　　　が好きな人の数。）

② どの学年で，どの教科を選んだ人がいちばん多いですか。

（　　　　　で，　　　　　を選んだ人。）

表に整理する②

💡 ポイント!

〔2つのことがらを調べる表のかき方〕

❶ 表題を書く。

❷ データを見て，正の字で，表の
点線の左のらんに書き入れていく。

❸ すべて調べたら，正の字を数字
に書きなおす。

❹ それぞれの合計を計算する。

2つのことがらを，
1つの表にまとめる
ことができるね。

落とし物調べ

学年	場所	種類
4	運動場	ぼうし
5	ろうか	文ぼうぐ
4	体育館	ハンカチ

❶ 落とし物をした人の学年と落とした場所 （人）

学年＼場所	運動場		ろうか	体育館	合計
4年	❷丁	❸2			
5年	一	1			
6年					
❹ 合計					

---

1 だいちさんは，1週間の落とし物調べをして，下のようにまとめました。落とし物をした人の学年と落とした場所に注目して，右のページの表に整理します。次の問題に答えましょう。 〔1問 20点〕

落とし物調べ

学年	場所	種類	学年	場所	種類
4	運動場	ぼうし	6	運動場	ハンカチ
5	ろうか	文ぼうぐ	5	ろうか	文ぼうぐ
4	体育館	ハンカチ	4	運動場	ぼうし
6	運動場	文ぼうぐ	1	体育館	かばん
3	中庭	ぼうし	3	教室	文ぼうぐ
5	教室	かばん	2	教室	ハンカチ
1	教室	ハンカチ	6	運動場	かばん
2	中庭	ぼうし	4	中庭	ぼうし
4	体育館	かばん	3	階だん	ハンカチ
3	ろうか	文ぼうぐ	4	ろうか	文ぼうぐ

あ 落とし物をした人の学年と落とした場所 (人)

場所＼学年	運動場	ろうか	体育館	階だん	中庭	教室	合計
1年							
2年							
3年							
4年	T 2						
5年							
6年							
合計							

① あに表題を書きましょう。

② だいちさんが調べたデータを見て，表の点線の左のらんに，それぞれ正の字で書き入れましょう。

「正」の字は，「正」「正」「正」「正」「正」の赤いところの順に書いていくよ。

③ ②で書き入れた正の字を，表の点線の右のらんに，それぞれ数字で書きなおしましょう。

④ 合計を計算して，表に書き入れましょう。

2 1のだいちさんが調べたデータを見て，落とし物をした場所と落とし物の種類に注目して，人数を下の表に整理しましょう。 [20点]

落とし物をした場所と落とし物の種類 (人)

場所＼種類	ぼうし	文ぼうぐ	ハンカチ	かばん	合計
運動場					
ろうか					
体育館					
階だん					
中庭					
教室					
合計					

れい

右の表は，あるクラスで，お兄さんとお姉さんがいるかどうかを調べたものです。㋐〜㋔のらんは，次のことを表します。

㋐…お兄さんもお姉さんもいる人の数
㋑…お兄さんはいるが，お姉さんはいない人の数
㋒…お兄さんはいないが，お姉さんはいる人の数
㋔…お兄さんもお姉さんもいない人の数

お兄さんとお姉さん調べ　（人）

		お姉さん		合計
		いる	いない	
お兄さん	いる	㋐→8	㋑ 7	15
	いない	㋒ 6	㋔ 10	16
合計		14	17	31

1 ゆいさんは，クラスでたまねぎとピーマンの好ききらいを調べて，下の表に整理しました。次の問題に答えましょう。　［1問　10点］

好ききらい調べ　（人）

		ピーマン		合計
		好き	きらい	
たまねぎ	好き	11	10	21
	きらい	12	5	17
合計		23	15	38

① たまねぎもピーマンも好きな人は何人ですか。　（　11人　）

② たまねぎは好きで，ピーマンはきらいな人は何人ですか。　（　　　）

③ たまねぎはきらいで，ピーマンは好きな人は何人ですか。　（　　　）

④ たまねぎもピーマンもきらいな人は何人ですか。　（　　　）

2 かいとさんのクラスで、きのうの朝と夜にテレビをみたかどうかを調べて、下の表に整理しました。次の問題に答えましょう。 ［1問 10点］

テレビ調べ　　　　　　　（人）

		夜		合計
		みた	みていない	
朝	みた	ⓐ 17	ⓘ 8	25
	みていない	ⓤ 9	ⓔ 3	12
合計		26	11	37

① ⓐのらんは、何を表していますか。

(朝も夜もテレビをみた人の数。)

② ⓘのらんは、何を表していますか。

(   )

③ ⓤのらんは、何を表していますか。

(   )

④ ⓔのらんは、何を表していますか。

(   )

⑤ 朝テレビをみた人は何人ですか。

(   )

⑥ 夜テレビをみていない人は何人ですか。

朝テレビをみた人の中には、夜テレビをみた人もみていない人もふくまれるよ。

(   )

33 表に整理する④

ポイント！

右のような表では，4つのことがらを1つに表すことができます。

お兄さん ── いる……15人
　　　　　└─ いない…16人

お姉さん ── いる……14人
　　　　　└─ いない…17人

お兄さんとお姉さん調べ　　（人）

		お姉さん		合計
		いる	いない	
お兄さん	いる	8	7	15
	いない	6	10	16
合計		14	17	31

1 下のデータは，みつきさんのクラスで妹と弟がいるかどうかを調べたものです。次の問題に答えましょう。　　　　　　　　　　　　　　［1つ　10点］

妹と弟調べ

番号	妹	弟	番号	妹	弟
1	○	○	16	○	○
2	○	×	17	○	×
3	×	×	18	×	×
4	×	○	19	○	×
5	×	×	20	○	×
6	×	×	21	○	×
7	○	×	22	×	×
8	○	×	23	○	×
9	×	○	24	×	○
10	×	○	25	○	○
11	×	×	26	○	×
12	○	×	27	×	○
13	×	×	28	○	×
14	○	○	29	○	×
15	○	×	30	×	×

○…いる
×…いない

① みつきさんが調べたデータを見て，下の表のあ～えにあてはまる人数を書きましょう。

妹と弟調べ　　（人）

妹	いる	あ 17
	いない	①
弟	いる	③
	いない	え

人数の数えまちがいに気をつけよう。

② みつきさんが調べたデータを見て，下の表の㋕〜㋘にあてはまる人数を書きましょう。

妹と弟調べ

妹	弟	人数（人）
いる	いる	㋕ 4
いる	いない	㋖
いない	いる	㋗
いない	いない	㋘

表の人数の合計と，データの人数の合計はあっているかな。

③ ①，②の人数を，下の表に整理しましょう。

妹と弟調べ　　　　　（人）

		弟		合計
		いる	いない	
妹	いる			
	いない			
合計				

---

2 たけるさんのグループで，夏休みに山と海に行ったかどうかを調べました。結果を，下の表に整理しましょう。　　　　　　［10点］

山と海調べ

名前	山	海
たける	○	×
あおい	×	○
さき	×	○
はやと	○	○

名前	山	海
そう	×	×
つむぎ	×	○
ひかり	×	○
ゆう	○	×

名前	山	海
いちか	○	×
とうま	×	○
ひろと	○	×
ゆい	×	×

○…行った　　×…行っていない

山と海調べ　　　　　（人）

		海		合計
		行った	行っていない	
山	行った			
	行っていない			
合計				

ポイント！

表のあいているところにあてはまる数は、
計算で求められます。

あのらんにあてはまる数は、

(1ぱんの人数の合計)−(教室にいた1ぱんの人数)

＝(運動場にいた1ぱんの人数)

または、

(運動場にいた人数の合計)−(運動場にいた2はんの人数)

＝(運動場にいた1ぱんの人数)

昼休みにいた場所 （人）

はん ＼ 場所	教室	運動場	合計
1ぱん	4	あ	14
2はん	6	10	16
合計	10	20	30

あにあてはまる数は、
14−4＝10、または、20−10＝10で、10だね。

---

1 下の表は、かほさんとれんさんが、先週と今週に図書室で借りた本の数を調べ
たものです。次の問題に答えましょう。　　　　　　　　　　　　　　［1問　8点］

わかっている数をもと
にして求めるよ。

図書室で借りた本の数調べ （さつ）

名前 ＼ 週	先週	今週	合計
かほ	あ	3	8
れん	6	い	12
合計	11	9	う

① 表のあにあてはまる数は何ですか。　　　　　　　　　（　　5　　）

② 表のいにあてはまる数は何ですか。　　　　　　　　　（　　　　）

③ 表のうにあてはまる数は何ですか。　　　　　　　　　（　　　　）

2 下の表は，4年生が好きな給食のメニューを調べたものです。次の問題に答えましょう。　　　　　　　　　　　　　　　　　　　　　　　　［1つ　9点］

好きな給食のメニュー調べ　　　　　（人）

組＼メニュー	カレー	ハンバーグ	ラーメン	あげぱん	合計
1組	⑨	8	4	12	29
2組	10	3	6	11	ⓘ
合計	15	⑤	10	23	59

① 上の表の⑨～⑤にあてはまる数を書きましょう。

② カレーとラーメンでは，好きな人はどちらが何人多いですか。

（　　　　　　　　　　が好きな人が　　　　　　　　　人多い。）

3 下の表は，ゆうまさんのクラスで，先週と今週で，図書室の本を借りたかどうかを調べたものです。次の問題に答えましょう。　　　　　　　　　　［1つ　8点］

図書室の利用調べ　　　　（人）

		今週		合計
		借りた	借りていない	
先週	借りた	10	⑨	21
	借りていない	12	5	ⓘ
合計		22	⑤	38

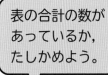

表の合計の数があっているか，たしかめよう。

① 上の表の⑨～⑤にあてはまる数を書きましょう。

② 先週，本を借りた人は，借りていない人より何人多いですか。

（　　　　　　　　　　）

③ 先週と今週では，本を借りた人はどちらが何人多いですか。

（　　　　　　　　本を借りた人が　　　　　　　　　人多い。）

35 整理した表で考える②

💡 ポイント！

2つの事がらをまとめた表では，まず，表のあいているところの数を書き入れてから，わからない数を求めます。

文章を，表に整理して考えると，わかりやすくなるね。

Ⅰ 北小学校の15人と南小学校の18人をあわせた33人に，おやつで食べたいもののアンケートをとると，下のような結果になりました。次の問題に答えましょう。

[1つ 6点]

アイスクリームを選んだ人………19人
アイスキャンディーを選んだ人…14人

① これまでにわかったことを下の表に整理します。表の⑳〜③にあてはまる数を書きましょう。

食べたいおやつ調べ　　　（人）

おやつ＼小学校	アイスクリーム	アイスキャンディー	合計
北			15
南			⑳ 18
合計	⑭	③	33

② 北小学校でアイスクリームを選んだ人は13人でした。南小学校でアイスクリームを選んだ人は何人ですか。

（　　　　　　　　）

③ 北小学校と南小学校でアイスキャンディーを選んだ人は，それぞれ何人ですか。

北小学校 （　　　　　）

南小学校 （　　　　　）

表に，わかっている数を書き入れて考えよう。

2 みおさんは，白と黒の円と三角形を使って，形作りをしています。使った形を数えると，下のような結果になりました。次の問題に答えましょう。

[1つ　8点]

白の形の数……8こ
黒の形の数……5こ
円の数…………7こ
三角形の数……6こ

○ △
● ◢

① これまでにわかったことを，下の表に整理します。表のあ～えにあてはまる数を書きましょう。

使った形調べ　　　　　（こ）

色＼形	円	三角形	合計
白			あ
黒			い
合計	う	え	

② 使った形の合計の数は何こですか。

（　　　　　）

③ 白の三角形の数は2こでした。黒の三角形の数は何こですか。

（　　　　　）

④ 白の円と黒の円の数は，それぞれ何こですか。

白の円 （　　　　　）　　　黒の円 （　　　　　）

整理のしかた 7
整理した表で考える③

とく点

点

答え 別さつ19ページ

---

1 れいさんのクラス32人に，今週，サッカーと野球をしたかどうかを調べると，下のような結果になりました。次の問題に答えましょう。　　　　［1つ　5点］

> サッカーをした人……………13人　　　野球をした人……14人
> サッカーと野球をした人……6人

① これまでにわかったことを下の表に整理します。表の㋐～㋒にあてはまる数を書きましょう。

サッカーと野球調べ　　　　　　　（人）

> わかっている数から，表のあいているらんに入る数が計算できるね。

		野球		合計
		した	していない	
サッカー	した	㋐ 6		㋑
	していない			
合計		㋒		32

② サッカーをして野球をしていない人は何人ですか。（　　　　　　）

③ 野球をしてサッカーをしていない人は何人ですか。（　　　　　　）

④ サッカーをしていない人は何人ですか。（　　　　　　）

⑤ 野球をしていない人は何人ですか。（　　　　　　）

⑥ サッカーも野球もしていない人は何人ですか。（　　　　　　）

2 かのんさんの学校の4年生で，遠足で水族館と動物園に行きたいかどうかを調べると，下のような結果になりました。次の問題に答えましょう。

[1つ　6点]

> 4年生の人数……………………68人
> 水族館に行きたくない人……38人
> 動物園に行きたい人…………43人
> 水族館に行きたいが，動物園に行きたくない人……16人

① これまでにわかったことを下の表に整理します。表のあ〜えにあてはまる数を書きましょう。

完成した表が正しいかどうかをたしかめてみよう。

水族館と動物園調べ　　　　（人）

		動物園		合計
		行きたい	行きたくない	
水族館	行きたい		あ	
	行きたくない			い
合計		う		え

② 水族館に行きたい人は何人ですか。　　　　（　　　　　　　）

③ 水族館にも動物園にも行きたい人は何人ですか。　（　　　　　　　）

④ 水族館に行きたくないが，動物園に行きたい人は何人ですか。

（　　　　　　　）

⑤ 水族館にも動物園にも行きたくない人は何人ですか。

（　　　　　　　）

⑥ 動物園に行きたい人は行きたくない人より何人多いですか。

（　　　　　　　）

⑦ 水族館と動物園では，行きたい人はどちらが何人多いですか。

（　　　　　　　に行きたい人が　　　　　　　人多い。）

37

整理のしかた 8

整理した表で考える④

とく点　　点

答え 別さつ20ページ

れい

問題を表に整理して，×や○などのしるしを書いて，順に考えていきます。

- あかりさんは，かばんを持っていない。
- はるとさんは，めがねをかけていない。
- れおさんは，かばんを持っていなくて，めがねをかけていない。

	かばん	めがね
あかり	×	
はると		×
れお	×	×

表に×をつけていくと，
右のようになるよ。

1 こはるさん，みなとさん，ゆうなさん，りつさんは，クリスマス会でプレゼントを1つずつ用意しています。4人の用意したプレゼントは，ハンカチ，ぬいぐるみ，コップ，本です。それぞれが用意したプレゼントは何かを考えます。次の問題に答えましょう。［1問　10点］

WANWAN

㋐　こはるさんは，ハンカチではない。
㋑　みなとさんは，コップではない。
㋒　こはるさんとゆうなさんは，ぬいぐるみでもコップでもない。

① 上の㋐，㋑のことを，右の表に×と書いて表しました。㋒のことを，右の表に×と書いて表しましょう。

	ハンカチ	ぬいぐるみ	コップ	本
こはる	×	×		
みなと			×	
ゆうな				
りつ				

② こはるさんが用意したプレゼントは何ですか。

（　　　　　　　　）

③ ゆうなさんが用意したプレゼントは何ですか。

（　　　　　　　　）

④ みなとさんが用意したプレゼントは何ですか。

（　　　　　　　　）

> プレゼントは1つずつだから，先にわかったもの以外になるよ。

2 4人の子どもがそれぞれペンケースを持っています。ペンケースの特ちょうを見て，どのペンケースがだれのものなのかを考えます。次の問題に答えましょう。

[1問　15点]

あ　　　　　い　　　　　う　　　　　え

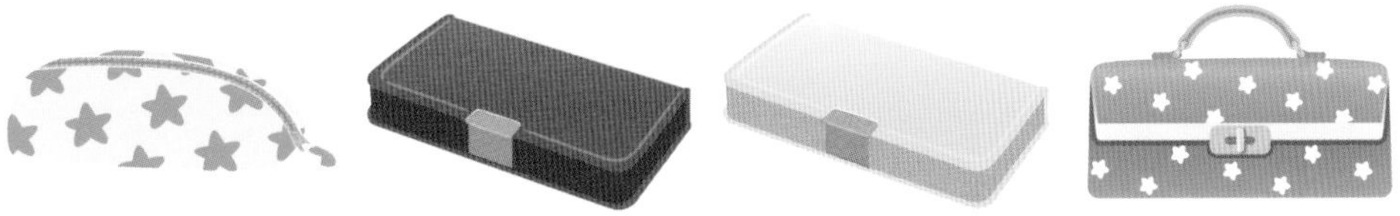

・いおりさんのものは，黄色です。
・そうまさんのものは，星のもようです。
・ほくとさんのものは，箱の形をしています。
・めいさんのものは，持ち手がついています。

① 4人のペンケースの特ちょうにあてはまるものを，右の表に〇と書いて表しましょう。

	あ	い	う	え
いおり	〇		〇	
そうま				
ほくと				
めい				

② めいさんのペンケースは，あ〜えのうちのどれですか。

（　　　　）

③ そうまさんのペンケースは，あ〜えのうちのどれですか。

（　　　　）

④ ほくとさんのペンケースは，あ〜えのうちのどれですか。

（　　　　）

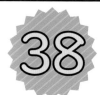

38 整理のしかた 9

いろいろな表やグラフ

とく点

点

答え 別さつ20ページ

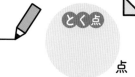

ポイント!

右のような表では，4つのことがらを1つに表すことができます。

お兄さんが（いる人の数／いない人の数）　お姉さんが（いる人の数／いない人の数）

				合計
合計				

1 次の①～④は，どのようなグラフや表に表したほうがよいですか。下のア～エから1つずつ選んで，記号で答えましょう。［1問　10点］

① 4年生が先週借りた本のさっ数と種類　（　　　）

② じょうぎと電たくを持っている人と持っていない人の人数　（　　　）

③ 1日の気温の変わり方　（　　　）

④ 学年ごとの好きな本の種類とその人数　（　　　）

ア

				合計
合計				

イ

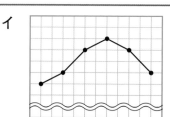

ウ

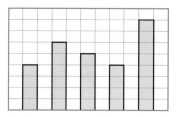

エ

			合計
合計			

2 下のア〜エの表やグラフは，あるお店の野菜について調べたものです。次の問題に答えましょう。 ［1つ　12点］

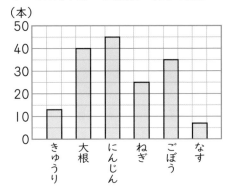

ア　12月1日の種類と1本あたりのねだん

種類	ねだん（円）
きゅうり	80
大根	120
にんじん	100
ねぎ	130
ごぼう	200
なす	90

イ　12月1日の種類別の売れた数

ウ　きゅうりと大根の月別の売れた数

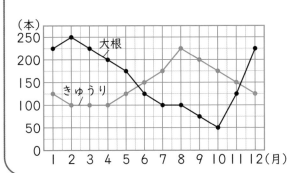

エ　12月1日にお店に来た客調べ
（人）

		大根	
		買った	買わなかった
きゅうり	買った	10	3
	買わなかった	30	120

① きゅうりがいちばん多く売れたのが何月かを調べるには，ア〜エのどのデータを見ればよいですか。また，きゅうりは何月にいちばん多く売れましたか。

データ （　　　　　）　月 （　　　　　）

② 12月1日の大根の売り上げは，ア〜エの，どのデータとどのデータからわかりますか。また，それは何円ですか。

データ （　　　と　　　）

売り上げ （　　　　　　）

③ 12月1日に，きゅうりと大根の両方を買った人は何人ですか。

（　　　　　　）

「売り上げ」は，品物を売ってえたお金のことだよ。

39 変わり方 1

関係を表に整理する①

とく点　　点

答え　別さつ21ページ

ポイント!

ともなって変わる2つの量の関係を調べるときは，変わり方を表に表すと，2つの量のきまりを見つけやすくなります。きまりを見つけるときは，ともなって変わる数や，いつも変わらない数に着目します。

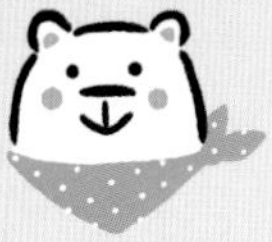

1ふえる　1ふえる　1ふえる

1	2	3	4
7	6	5	4

1へる　1へる　1へる

1	2	3	4
7	6	5	4
8	8	8	8

表を横に見たり，たてに見たりして，きまりを見つけよう。

1 まわりの長さが20cmの長方形の，横の長さとたての長さを調べます。次の問題に答えましょう。　［1問　10点］

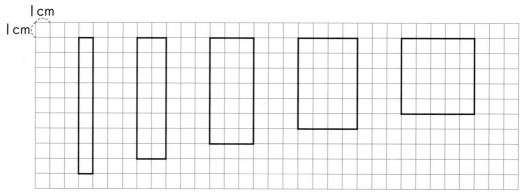

① 横の長さにともなって変わる量には，どのようなものがありますか。

(　　　　　　　　)

② 下の表は，横の長さとたての長さの関係を表したものです。表のあいているところに，あてはまる数を書きましょう。

横の長さ（cm）	1	2	3	4	5
たての長さ(cm)	9	8			

長方形には，たての辺と横の辺が2本ずつあるよ。

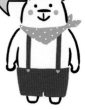

③ 横の長さが1cmずつふえると，たての長さはどのように変わりますか。

(　　 cmずつへる。)

③は表を横に，④は表をたてに見てみよう。

④ 長方形の横の長さとたての長さの和は，いつも何cmになっていますか。

(　　　　　)

⑤ 横の長さが6cmのとき，たての長さは何cmですか。

(　　　　　)

2 | 1辺が1cmの正三角形を，下の図のように横につないで，まわりの長さを調べます。次の問題に答えましょう。　　　　　　　　　　　[1問 10点]

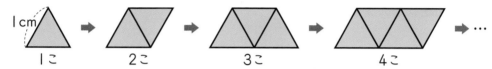

| 1cm | | | |
| 1こ | 2こ | 3こ | 4こ |

① 下の表は，正三角形の数とまわりの長さの関係を表したものです。表のあいているところに，あてはまる数を書きましょう。

正三角形の数　（こ）	1	2	3	4	
まわりの長さ　（cm）	3				

② 正三角形の数が1こずつふえると，まわりの長さは何cmずつふえますか。

(　　　　　)

③ まわりの長さを表す数は，正三角形の数よりいくつ多いですか。

(　　　　　)

④ 正三角形の数が5このとき，まわりの長さは何cmですか。

(　　　　　)

⑤ 正三角形の数が6このとき，まわりの長さは何cmですか。

(　　　　　)

40 変わり方 2

関係を表に整理する②

とく点　　点

答え 別さつ21ページ

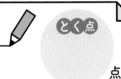

れい

2つの量□と○の関係を調べるとき，表をたてに見て，○が□の何倍になっているかに着目することがあります。右の表ではいつも，□の数の2倍が○の数になっています。

□	1	2	3	4	
○	2	4	6	8	

（×2）

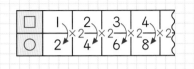

1 1辺が1cmの正三角形を，下の図のようにならべていきます。このときできるいちばん外側の正三角形の1辺の長さと，まわりの長さについて調べます。次の問題に答えましょう。　　［1問　10点］

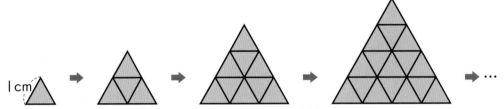

① 下の表は，1辺の長さとまわりの長さの関係を表したものです。表のあいているところに，あてはまる数を書きましょう。

1辺の長さ　(cm)	1	2	3	4	
まわりの長さ　(cm)	3	6			

② 1辺の長さが1cmずつふえると，まわりの長さは何cmずつふえますか。

（　　　　cmずつふえる。）

③ 正三角形のまわりの長さを表す数は，1辺の長さの数の何倍になっていますか。

（　　　倍）

④ 正三角形の1辺の長さが5cmのとき，まわりの長さは何cmですか。

（　　　　）

2 １辺が１cmの正方形を，下の図のようにならべていきます。このときできるいちばん外側の正方形の１辺の長さと，まわりの長さについて調べます。次の問題に答えましょう。

[１問　12点]

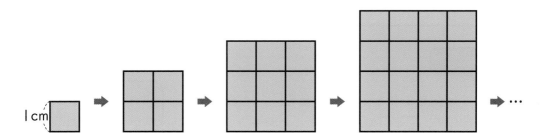

① 下の表は，１辺の長さとまわりの長さの関係を表したものです。表のあいているところに，あてはまる数を書きましょう。

１辺の長さ　（cm）	1	2	3	4	
まわりの長さ　（cm）	4				

② １辺の長さが１cmずつふえると，まわりの長さは何cmずつふえますか。

(　　　　　　　　　　)

③ １辺の長さが２倍になると，まわりの長さはどうなりますか。

(　　　　　　　　　　)

④ 正方形のまわりの長さを表す数は，１辺の長さの数の何倍になっていますか。

(　　　　　　　　　　)

⑤ 正方形の１辺の長さが５cmのとき，まわりの長さは何cmですか。

(　　　　　　　　　　)

れい

表で見つけたきまりを，一方の量を□，もう一方の量を○として，□と○の式に表すことができます。式に表すと，2つの量の関係がわかりやすくなります。

□	1	2	3	4
○	7	6	5	4

8 8 8 8

左の表の□と○の関係を式に表すと，

□＋○＝8

まず，ことばの式に表してから，□と○の式におきかえるといいよ。

1 しおりさんは，30まいの色紙を妹と2人で分けます。次の問題に答えましょう。

[1問　6点]

① 下の表は，しおりさんの数と妹の数の関係を表したものです。表のあいているところに，あてはまる数を書きましょう。

しおりさんの数□（まい）	1	2	3	4	5	6	
妹の数　　　○（まい）	29	28					

② しおりさんの数が1まいずつふえると，妹の数はどのように変わりますか。

（　　　　　　　　　まいずつへる。）

③ しおりさんの数と妹の数の和は，いつも何まいになっていますか。

（　　　　　　）

④ しおりさんの数を□まい，妹の数を○まいとして，□と○の関係を式に表しましょう。

（しおりさんの数）＋（妹の数）＝30 だから…。

（□＋○＝　　　　　）

⑤ しおりさんの数□が8まいのとき，妹の数○は何まいですか。

（　　　　　　）

2

170ページある本を，毎日10ページずつ読みます。次の問題に答えましょう。

[1問　6点]

① 読んだページ数にともなって変わる量には，どのようなものがありますか。

（　　　　　　　　　　　　　　）

② 下の表は，読んだページ数と残りのページ数の関係を表したものです。表のあいているところに，あてはまる数を書きましょう。

読んだページ数 □（ページ）	10	20	30	40	50	
残りのページ数 ○（ページ）	160					

③ 読んだページ数と残りのページ数の和は，いつも何ページになっていますか。

（　　　　　　　　　　　　　　）

④ 読んだページ数を□ページ，残りのページ数を○ページとして，□と○の関係を式に表しましょう。

（　　□＋○＝　　　　　）

⑤ 読んだページ数□が70ページのとき，残りのページ数○は何ページですか。

（　　　　　　　　　　　　　　）

3

まわりの長さが40cmの長方形をかきます。このときの，長方形のたての長さと横の長さを調べます。次の問題に答えましょう。　　　　　[1問　10点]

① 下の表は，たての長さと横の長さの関係を表したものです。表のあいているところに，あてはまる数を書きましょう。

たての長さ　□（cm）	1	2	3	4	
横の長さ　　○（cm）					

② たての長さを□cm，横の長さを○cmとして，□と○の関係を式に表しましょう。

（　　　　　　　　　　　　　　）

③ たての長さが9cmのとき，横の長さは何cmですか。

（　　　　　　　　　　　　　　）

④ 横の長さが14cmのとき，たての長さは何cmですか。

（　　　　　　　　　　　　　　）

②で表したの式の□に数をあてはめて，計算で求めるよ。

れい

関係を式に表すと，数が大きくなったときでも，知りたい数を計算で求めることができます。左の表の□と○の関係を式に表すと，

□	1	2	3	4
○	3	4	5	6

□＋2＝○

□が30のときの○を求めるには，上の式の□に30をあてはめて，

30＋2＝○，○＝32

数が大きくなると，表で表すのは大変だね。

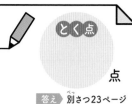

---

1 たいがさんのお兄さんは，たいがさんより3才年上で，2人のたん生日は同じです。次の問題に答えましょう。　　　　　　　　　　［1問　6点］

① 下の表は，たいがさんの年れいとお兄さんの年れいの関係を表したものです。表のあいているところに，あてはまる数を書きましょう。

たいがさんの年れい □(才)	1	2	3	4	5	
お兄さんの年れい　○(才)	4	5				

② お兄さんの年れいを表す数は，たいがさんの年れいを表す数よりいくつ多いですか。

（　　　　　　　　）

③ たいがさんの年れいを□才，お兄さんの年れいを○才として，□と○の関係を式に表しましょう。

（　□＋　　　　＝○　）

④ たいがさんの年れい□が20才のとき，お兄さんの年れい○は何才ですか。

（　　　　　　　　）

⑤ お兄さんの年れい○が45才のとき，たいがさんの年れい□は何才ですか。

（　　　　　　　　）

2 1辺が1cmの正方形を，下の図のように横につないでいきます。次の問題に答えましょう。　　　　　　　　　　　　　　　　　　　　　　　［1問　10点］

1cm □ → □□ → □□□ → □□□□ …
　1こ　　2こ　　3こ　　　4こ

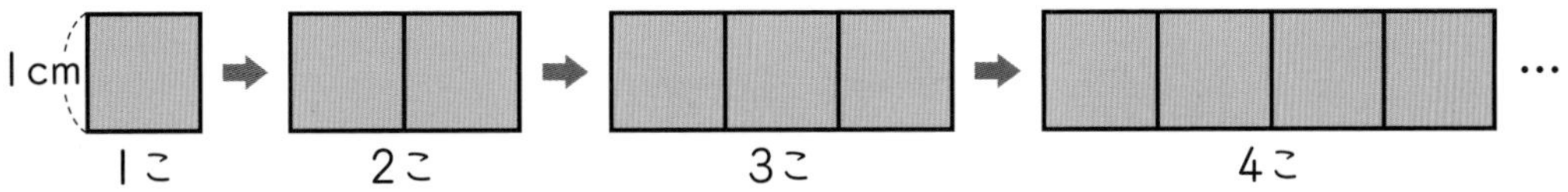

① 下の表は，正方形の数と，たてと横の長さの和の関係を表したものです。表のあいているところに，あてはまる数を書きましょう。

正方形の数　　　□(こ)	1	2	3	4	
たてと横の長さの和　○(cm)	2				

② 正方形の数を□こ，たてと横の長さの和を○cmとして，□と○の関係を式に表しましょう。

$$\left(\boxed{} + = \bigcirc \right)$$

③ 正方形の数が30このとき，たてと横の長さの和は何cmですか。

（　　　　　　　　　　）

④ たてと横の長さの和が76cmのとき，正方形の数は何こですか。

（　　　　　　　　　　）

3 下の表は，水そうに水を入れていったときの，水の量と全体の重さを表したものです。次の問題に答えましょう。　　　　　　　　　　　　　　　　　　　　　　　［1問　10点］

水の量　　　□(L)	3	4	5	6	7	8	
全体の重さ　○(kg)	7	8	9	10	11	12	

① 水の量を□L，全体の重さを○kgとして，□と○の関係を式に表しましょう。

（　　　　　　　　　　）

② 水を10L入れたとき，全体の重さは何kgですか。

（　　　　　　　　　　）

③ 水が入っていないとき，水そうの重さは何kgですか。

水が入っていないということは，水の量が0Lということだね。

（　　　　　　　　　　）

43 変わり方 5

関係を式で表す③

とく点　　点

答え　別さつ24ページ

れい

１こ30円のあめを買うときの，あめの数□こと代金○円の関係は，右の表のようになります。

あめの数　□(こ)	1	2	3	4	
代金　○(円)	30	60	90	120	

□と○の関係を式に表すと，

30×□＝○

１このねだん×こ数＝代金　だよ。

1　１本60円のえん筆を買うときの，えん筆の数と代金について調べます。次の問題に答えましょう。　　［１問　８点］

① 下の表は，えん筆の数と代金の関係を表したものです。表のあいているところに，あてはまる数を書きましょう。

えん筆の数　□(本)	1	2	3	4	5	6	
代金　○(円)	60	120					

② えん筆の代金は，えん筆の数の何倍ですか。

（　　　　）

③ えん筆の数を□本，代金を○円として，□と○の関係を式に表しましょう。

（　　　×□＝○）

④ えん筆の数□が９本のとき，代金○は何円ですか。

（　　　　）

⑤ 代金○が780円のとき，えん筆の数□は何本ですか。

（　　　　）

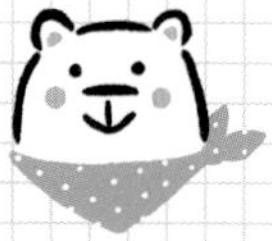

2 1m200円のリボンを買うときの，リボンの長さと代金について調べます。次の問題に答えましょう。 [1問 6点]

① 下の表は，リボンの長さと代金の関係を表したものです。表のあいているところに，あてはまる数を書きましょう。

リボンの長さ □(m)	1	2	3	4	5	
代金 ○(円)	200					

② リボンの長さを□m，代金を○円として，□と○の関係を式に表しましょう。

(×□＝○)

③ 買うリボンの長さが8mのとき，代金は何円ですか。

( )

3 1だんの高さが15cmの階だんを上がるときの，だんの数と下からの高さを調べます。次の問題に答えましょう。 [1問 7点]

① 下の表は，だんの数と下からの高さの関係を表したものです。表のあいているところに，あてはまる数を書きましょう。

だんの数 □(だん)	1	2	3	4	5	6	
下からの高さ ○(cm)	15	30	45	60			

② だんの数が1だんふえると，下からの高さは何cmふえますか。

( )

③ 下からの高さは，だんの数の何倍ですか。

( )

④ だんの数を□だん，下からの高さを○cmとして，□と○の関係を式に表しましょう。

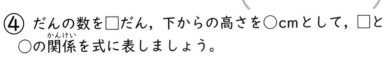

(×□＝○)

表をたてに見ると…。

⑤ だんの数□が7だんのとき，下からの高さ○は何cmですか。

( )

⑥ 下からの高さ○が180cmのとき，だんの数□は何だんですか。

( )

変わり方 6
関係を式で表す④

れい

60cmのひもを切り分けて，同じ長さのひもを何本か作るときの，作るひもの数と1本の長さの関係は，右の表のようになります。
□と○の関係を式に表すと，

60÷□＝○

ひもの数 □(本)	1	2	3	4
1本の長さ ○(cm)	60	30	20	15

もとの長さ÷本数＝1本の長さだよ。

---

1 240cmのリボンを切り分けて，同じ長さのリボンを何本か作ります。作るリボンの数と1本の長さについて調べます。次の問題に答えましょう。[1問 6点]

① 作るリボンの数にともなって変わる量には，どのようなものがありますか。

（ 　　　　　　　　　　 ）

② 下の表は，リボンの数と1本の長さの関係を表したものです。表のあいているところに，あてはまる数を書きましょう。

リボンの数 □(本)	1	2	3	4	5	6
1本の長さ ○(cm)	240	120				

③ リボンの数と1本の長さをかけると，いつもどんな数になっていますか。

（ 　　　　　　　　　　 ）

④ リボンの数を□本，1本の長さを○cmとして，□と○の関係を式に表しましょう。

（ 　　 ÷ □ ＝ ○ ）

⑤ リボンの数□が8本のとき，1本の長さ○は何cmですか。

（ 　　　　　　　　　　 ）

⑥ リボンの数□が10本のとき，1本の長さ○は何cmですか。

（ 　　　　　　　　　　 ）

2 300gのさとうを，いくつかの箱に，同じ重さずつ分けます。分ける箱の数と1箱のさとうの重さについて調べます。次の問題に答えましょう。[1問 8点]

① 下の表は，箱の数と1箱のさとうの重さの関係を表したものです。表のあいているところに，あてはまる数を書きましょう。

箱の数　　　□（こ）	1	2	3	4	5	6	
1箱のさとうの重さ ○（g）	300						

② 箱の数を□こ，1箱のさとうの重さを○gとして，□と○の関係を式に表しましょう。

$$(\quad \div \square = \bigcirc)$$

③ 箱の数□が15このとき，1箱のさとうの重さ○は何gですか。

$$(\qquad)$$

④ 1箱のさとうの重さ○が30gのとき，箱の数□は何こですか。

$$(\qquad)$$

3 540mLのジュースを，いくつかのびんに，同じ量になるように分けます。分けるびんの数と，1本のジュースの量について調べます。次の問題に答えましょう。

[1問 8点]

① 下の表は，びんの数と1本のジュースの量の関係を表したものです。表のあいているところに，あてはまる数を書きましょう。

びんの数　　　□（本）	1	2	3	4	5	6	
1本のジュースの量○（mL）							

② びんの数を□本，1本のジュースの量を○mLとして，□と○の関係を式に表しましょう。

$$(\qquad)$$

③ びんの数が12本のとき，1本のジュースの量は何mLですか。

$$(\qquad)$$

④ 1本のジュースの量が60mLのとき，びんの数は何本ですか。

$$(\qquad)$$

1 りくさんは，18本のえん筆を弟と2人で分けます。次の問題に答えましょう。

[1問　6点]

① 下の表は，りくさんの数と弟の数の関係を表したものです。表のあいているところに，あてはまる数を書きましょう。

りくさんの数　□（本）	1	2	3	4	5	6
弟の数　　　　○（本）						

② りくさんの数を□本，弟の数を○本として，□と○の関係を式に表しましょう。

(　　　　　　　　　)

③ りくさんの数が13本のとき，弟の数は何本ですか。

(　　　　　　　　　)

2 5cmの高さまで水が入った水そうに水を入れていくと，水を入れた時間と水の高さの変わり方は，下の表のようになりました。次の問題に答えましょう。

[1問　6点]

時間　　　　□（分）	1	2	3	4	5	6
水の高さ　　○（cm）	6	7	8	9	10	11

① 水を入れた時間を□分，水の高さを○cmとして，□と○の関係を式に表しましょう。

表をたてに見てみよう。

(　　　　　　　　　)

② 水を28分間入れたとき，水の高さは何cmですか。

(　　　　　　　　　)

③ 水の高さが22cmのとき，水を入れた時間は何分ですか。

(　　　　　　　　　)

3 たての長さが4cmの長方形の横の長さを1cm，2cm，3cm，……と変えて，面積を調べます。次の問題に答えましょう。　[1問　8点]

4cm　1cm　2cm　3cm　…

① 下の表は，長方形の横の長さと面積の関係を表したものです。表のあいているところに，あてはまる数を書きましょう。

横の長さ　□(cm)	1	2	3	4	5	6	
面積　　　○(cm²)							

② 長方形の横の長さを□cm，面積を○cm²として，□と○の関係を式に表しましょう。

（　　　　　　　　　　　　）

③ 横の長さが8cmのとき，面積は何cm²ですか。

（　　　　　　　　　　　　）

④ 面積が48cm²のとき，横の長さは何cmですか。

（　　　　　　　　　　　　）

4 360cmのテープを切り分けて，同じ長さのテープを何本か作ります。作るテープの数と1本の長さについて調べます。次の問題に答えましょう。[1問　8点]

① 下の表は，テープの数と1本の長さの関係を表したものです。表のあいているところに，あてはまる数を書きましょう。

テープの数　□(本)	1	2	3	4	5	6	
1本の長さ　○(cm)							

② テープの数を□本，1本の長さを○cmとして，□と○の関係を式に表しましょう。

（　　　　　　　　　　　　）

③ テープの数が9本のとき，1本の長さは何cmですか。

（　　　　　　　　　　　　）

④ 1本の長さが15cmのとき，テープの数は何本ですか。

（　　　　　　　　　　　　）

ともなって変わる関係

💡 ポイント!

表を使うと，1つの量が変わるとき，もう1つの量はどのように変わるかがわかりやすくなります。

・5dLのジュースを，兄と妹で分けるとき

兄 （dL）	1	2	3	4
妹 （dL）	4	3	2	1

兄の分の量がふえると，妹の分の量はへっているね。

1 次の表を見て，ともなって変わる2つの量の関係を表しているものに○を，そうでないものに△を書きましょう。 ［1問 10点］

① はやとさんの年れいとお兄さんの年れい（2人のたん生日は同じ）

はやと （オ）	1	2	3	4	5	6	7	8
兄 （オ）	6	7	8	9	10	11	12	13

（　　　）

② みうさんが6月に使った色紙のまい数

日にち （日）	1	2	3	4	5	6	7	8
色紙 （まい）	9	4	2	5	10	0	8	7

（　　　）

③ 正方形の1辺の長さとまわりの長さ

1辺の長さ （cm）	1	2	3	4	5	6	7	8
まわりの長さ （cm）	4	8	12	16	20	24	28	32

（　　　）

④ 20cmずつ使っていったテープの長さと残りのテープの長さ

使った長さ（cm）	20	40	60	80	100	120	140	160
残りの長さ（cm）	160	140	120	100	80	60	40	20

（　　　）

ともなって変わる2つの量の
関係は，□や○を使って式に
表すことができます。

式に表すと，2つの量の関係が
わかりやすくなったね。

2 次のあ～うのともなって変わる2つの量の関係について，問題に答えましょう。
[1つ　8点]

 あ　1こ120円のアイスクリームを，□こ買ったときの代金○円
 い　120まいのシールを□人で分けたときの1人分のまい数○まい
 う　120gある塩のうち，□gを使ったときの残りの重さ○g

① あ～うについて表した式を，次のア～ウから1つずつ選んで，記号で答え
ましょう。

ア　120−□＝○ イ　120×□＝○ ウ　120÷□＝○

    あ（ ） い（ ） う（ ）

② あ～うについて表した表を，次のア～ウから1つずつ選んで，記号で答え
ましょう。

ア

□	1	2	3	4	5	6
○	120	60	40	30	24	20

イ

□	10	20	30	40	50	60
○	110	100	90	80	70	60

ウ

□	1	2	3	4	5	6
○	120	240	360	480	600	720

    あ（ ） い（ ） う（ ）

3 ともなって変わる2つの量の関係を表しているものを，次のア～エから2つ選
んで，記号で答えましょう。
[1つ　6点]

ア　家から公園まで，兄が歩いた時間と妹が走った時間
イ　ろうそくの火をつけていた時間とろうそくの長さ
ウ　姉が買った，画用紙1まいのねだんと買ったまい数
エ　同じねだんのえん筆の，買った本数と代金

          （ ）（ ）

変わり方とグラフ①

れい

1こ20円のあめを買うときの，あめの数□こと代金○円の関係は，下の表のようになります。また，あめの数と代金の関係をグラフ用紙に点で表すと，右のように点がならびます。

あめの数と代金

あめの数 □（こ）	1	2	3	4	5
代金　　　○（円）	20	40	60	80	100

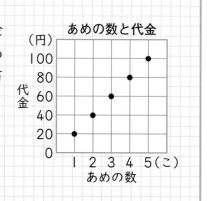

あめの数と代金

1 あつさが3cmの本を，右の図のように積み重ねていきます。下の表は，本の数と全体の高さの関係を表したものです。次の問題に答えましょう。　[1問　10点]

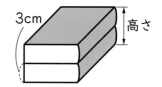

本の数と全体の高さ

本の数　　□（さつ）	1	2	3	4	5	6
全体の高さ　○(cm)	3	6	9	12	15	18

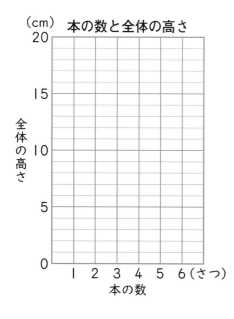

本の数と全体の高さ

① 本の数が1さつふえると，全体の高さはどのように変わりますか。

(　　　　　　　　　　　　　　)

② 本の数を□さつ，全体の高さを○cmとして，□と○の関係を式に表しましょう。

(　　　　× □ ＝ ○　　　　)

③ 本を1さつから6さつまで積み重ねるときの，本の数と全体の高さの関係を，グラフ用紙に点で表しましょう。

④ 本の数が7さつのとき，全体の高さは何cmですか。

（　　　　　　　　）

2 1こ40円のおかしを買うときの，おかしの数と代金について調べます。次の問題に答えましょう。　　　　　　　　　　　　　　［1問　10点］

① 下の表は，おかしの数と代金の関係を表したものです。表のあいているところに，あてはまる数を書きましょう。

おかしの数と代金

おかしの数　□（こ）	1	2	3	4	5	6	
代金　　　○（円）	40	80					

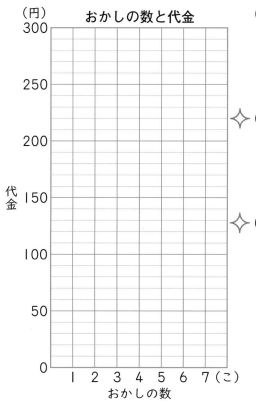

② おかしの数を□こ，代金を○円として，□と○の関係を式に表しましょう。

（　　　　　　　　）

✧③ おかしの数が2倍，3倍，……になると，代金はどのように変わりますか。

（　　　　　　　　）

✧④ おかしを1こから7こまで買うときの，おかしの数と代金の関係を，グラフ用紙に点で表しましょう。

②の式の□に7を
あてはめて，おかし
の数が7このときの
代金を求めよう。

⑤ おかしの数が8このとき，代金は何円ですか。

（　　　　　　　　）

⑥ 代金が560円のとき，おかしの数は何こですか。

（　　　　　　　　）

変わり方とグラフ②

れい

2つの量の関係を，グラフに表すことができます。下の表の関係を折れ線グラフに表すと，右の図のようになります。

まわりの長さが12cmの長方形の横の長さとたての長さ

横の長さ （cm）	1	2	3	4	5
たての長さ（cm）	5	4	3	2	1

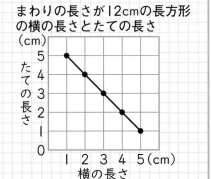

まわりの長さが12cmの長方形の横の長さとたての長さ

---

1 下の表は，水そうに水を入れていったときの，水の量と全体の重さの関係を表したものです。次の問題に答えましょう。　　　　　［1問　10点］

水の量と全体の重さ

水の量　　（L）	1	2	3	4	5	6
全体の重さ（kg）	4	5	6	7	8	9

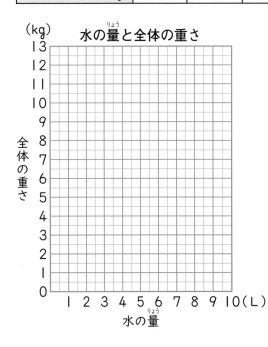

水の量と全体の重さ

① 上の表の関係を，折れ線グラフに表しましょう。

表をもとに点をグラフ用紙にうって，点どうしを直線で結ぼう。

② 水を4.5L入れたとき，全体の重さは何kgですか。

(　　　　　　　)

③ 水を7L入れたとき，全体の重さは
何kgですか。

（　　　　　　　）

④ 全体の重さが12kgのとき，水の量は
何Lですか。

（　　　　　　　）

⑤ 水が入っていないとき，水そうの重さ
は何kgですか。

（　　　　　　　）

①でかいた折れ線グラフの線を
のばすと，水の量が0Lのとき
や7L〜10Lのときの全体の重
さがわかるよ。

---

2 長さが8cmのろうそくがあります。このろうそくに火をつけると，1分間に
0.5cmずつ短くなっていきます。次の問題に答えましょう。　　［1問　10点］

① 下の表は，ろうそくに火をつけてからの時間とろうそくの長さの関係を表
したものです。表のあいているところに，あてはまる数を書きましょう。

火をつけてからの時間とろうそくの長さ

時間　　　（分）	1	2	3	4	5	
長さ　　　（cm）	7.5					

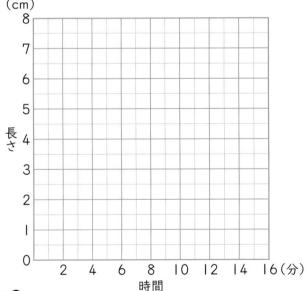

火をつけてからの時間とろうそくの長さ

② 上の表の関係を，折れ線
グラフに表しましょう。

③ 火をつけてから7分後の
ろうそくの長さは何cmです
か。

（　　　　　　　）

④ ろうそくの長さが1.5cm
になるのは，火をつけてか
ら何分後ですか。

（　　　　　　　）

⑤ ろうそくがもえつきるの
は，火をつけてから何分後
ですか。

（　　　　　　　）

③〜⑤は，②でかいた折れ線グ
ラフの線をのばして考えよう。

 **変わり方 11**

変わり方とグラフ③

💡 **ポイント!**

グラフに表すと，変わり方の様子が見やすくなります。

◇ **1** 下の2つの表は，2つの水そうに水を入れたときの，水を入れた時間とたまった水の量の変わり方を表したものです。次の問題に答えましょう。［1つ 10点］

アの水そうの水の量の変わり方

時間 （分）	0	4	8	12
水の量 （L）	0	30	60	90

イの水そうの水の量の変わり方

時間 （分）	0	3	6	9
水の量 （L）	0	20	40	60

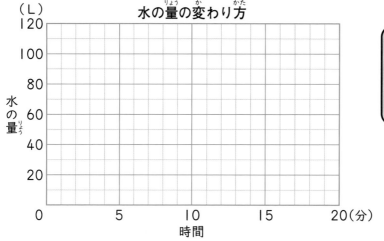

水の量の変わり方

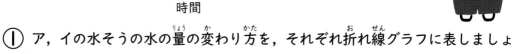

③は，①でかいた折れ線グラフの線をのばして考えよう。

① ア，イの水そうの水の量の変わり方を，それぞれ折れ線グラフに表しましょう。

② 水のふえ方が速いのは，ア，イのどちらの水そうですか。

$$\left(\right)$$

③ 水の量が120Lになるのは，それぞれ水を入れた時間が何分のときですか。

アの水そう $\left(\right)$ イの水そう $\left(\right)$

2 下の2つの表は，2つの水そうから，ちがうポンプで水をぬいていったときの，水をぬいた時間と水そうの水の量の変わり方を表したものです。次の問題に答えましょう。

[1つ 10点]

アの水そうの水の量の変わり方

時間 （分）	0	5	10	15	{{
水の量 （L）	150	120	90	60	{{

イの水そうの水の量の変わり方

時間 （分）	0	6	12	18	{{
水の量 （L）	180	135	90	45	{{

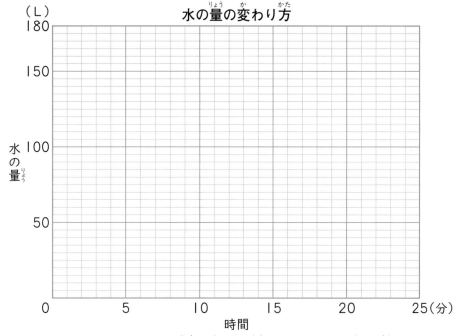

水の量の変わり方

① ア，イの水そうの水の量の変わり方を，それぞれ折れ線グラフに表しましょう。

② アとイの水そうで，初めに入っていた水の量のちがいは何Lですか。

（　　　　　　　）

③ アとイの水の量が等しくなるのは，水をぬいてから何分後ですか。

（　　　　　　　）

④ 先に水がなくなるのは，ア，イのどちらの水そうですか。

（　　　　　　　）

アとイの折れ線グラフの線をのばして，2つの折れ線グラフが交わったとき，水の量が等しくなっているよ。

50 変わり方 12

関係を調べる問題①

とく点　　点

答え 別さつ28ページ

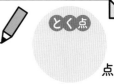

ポイント!

実さいに数えたりはかったりすることがむずかしいときは，少ない場合から順に調べて，変わり方のきまりを見つけます。

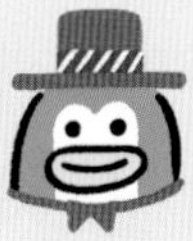

表に表して，表を横やたてに見てきまりを見つけるよ。

1 同じ形で，高さが5cmのゼリーのカップがいくつかあります。このカップを右下の図のように重ねていったときの，全体の高さの変わり方を調べます。次の問題に答えましょう。　［1問　10点］

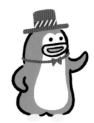

重なる部分があるから，高さをたすだけでは，全体の高さを求めることができないね。

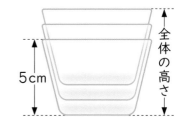

5cm
全体の高さ

① 下の表は，カップの数と全体の高さの関係を表したものです。表のあいているところに，あてはまる数を書きましょう。

カップの数　□(こ)	1	2	3	4	5	
全体の高さ　○(cm)	5	6	7	8		

② カップの数と全体の高さの関係について，次の□にあてはまる数を書きましょう。

(1)　カップの数が1ずつふえると，全体の高さを表す数は□ずつふえます。

(2)　カップの数に□をたした数が，全体の高さを表す数になっています。

③ カップの数を□こ，全体の高さを○cmとして，□と○の関係を式に表しましょう。

(　　　　　　　　)

④ カップを7こ重ねたとき，全体の高さは何cmですか。

$$(\qquad\qquad)$$

⑤ カップをいくつか重ねたら，全体の高さが20cmになりました。カップを何こ重ねていますか。

$$(\qquad\qquad)$$

2 下のように，1本のリボンを重ねることなくはさみで切るときの，切る回数とできるリボンの数の関係を調べます。次の問題に答えましょう。〔1問 10点〕

① 下の表のあいているところに，あてはまる数を書きましょう。

切る回数　　　　□（回）	1	2	3	4	5	
できるリボンの数○（本）	2	3				

✧ ② 切る回数を□回，できるリボンの数を○本として，□と○の関係を次のような式に表しました。どのように考えたか説明しましょう。

$$\Box + 1 = \bigcirc$$

$$\left(\qquad\qquad\qquad\right)$$

③ はさみで8回切ると，できるリボンの数は何本になりますか。

$$(\qquad\qquad)$$

④ できるリボンの数を20本にするには，はさみで何回切ればよいですか。

$$(\qquad\qquad)$$

変わり方 13

関係を調べる問題②

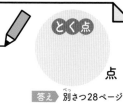

💡 ポイント!

図にかいたり，表や式に表したりすると，2つの量の関係が
わかりやすくなります。表を見るときは，横に見たり，たて
に見たりして，きまりを見つけます。

1 下の図のように，おはじきを正三角形の形になるようにならべていき，1番目，
2番目，3番目，……のときのおはじきの数を調べます。次の問題に答えましょ
う。
　　　　　　　　　　　　　　　　　　　　　　　　　　　　　　[1問　10点]

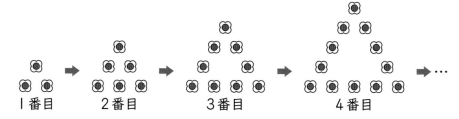

1番目　　　2番目　　　　3番目　　　　　4番目

① 下の表のあいているところに，あてはまる数を書きましょう。

順番　　　　□（番目）	1	2	3	4	
おはじきの数　○（こ）	3	6			

② □番目のおはじきの数を○ことして，□と○の関係を調べます。次の ☐
にあてはまる数を書きましょう。

(1) □が1ずつふえると，○は ☐ ずつふえます。

(2) □の ☐ 倍が，○になっています。

③ □番目のおはじきの数を○ことして，□と○の関係を式に表しましょう。

（　　　　　　　　　）

④ 12番目のおはじきの数は，何こになりますか。

(　　　　　)

⑤ おはじきの数が60こになるのは，何番目ですか。

(　　　　　)

2 1辺が1cmの正方形をならべて，下の図のような階だんの形を作ります。このときの，だんの数とまわりの長さの関係を調べます。次の問題に答えましょう。

［1問　10点］

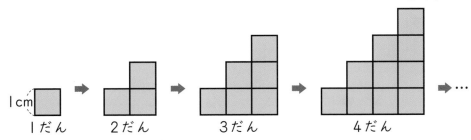

1cm
1だん　　2だん　　3だん　　4だん　　…

① 下の表のあいているところに，あてはまる数を書きましょう。

だんの数　□(だん)	1	2	3	4	
まわりの長さ　○(cm)	4	8			

✧ ② だんの数を□だん，まわりの長さを○cmとして，□と○の関係を次のような式で表しました。どのように考えたか説明しましょう。

$$□×4＝○$$

(　　　　　)

③ だんの数が13だんのとき，まわりの長さは何cmですか。

(　　　　　)

④ まわりの長さが120cmになるのは，何だんのときですか。

(　　　　　)

52 変わり方 14
関係を調べる問題③

とく点　　点

答え 別さつ29ページ

ポイント!

2つの量の関係を表に整理して，少ない場合から順に調べていきます。

1 下の図のように，同じ形のテーブルを1列にならべて，そのまわりに人がすわります。テーブルの数とすわれる人の数の関係を調べます。次の問題に答えましょう。
［1問　12点］

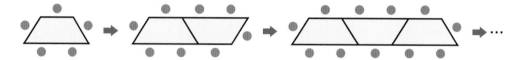

① 下の表のあいているところに，あてはまる数を書きましょう。

テーブルの数　（こ）	1	2	3	4
すわれる人の数　（人）	5	8		

② テーブルの数が5このときのすわれる人の数を求めます。次の□にあてはまる数を書きましょう。

(1) テーブルの数が1ずつふえると，すわれる人の数は□ずつふえます。

(2) テーブルの数が4このときのすわれる人の数は14人だから，テーブルの数が5このときのすわれる人の数は，□＋□＝□（人）です。

③ テーブルの数が6このとき，何人の人がすわれますか。

（　　　　）

④ 29人がすわるには，テーブルが
　何こいりますか。

テーブルの数が7この
とき，8このとき，……
と，順に調べてみよう。

（　　　　　　　）

2 長さが8cmのテープを，のりしろが2cmになるようにして，下の図のようにつないでいきます。このときの，テープの数と全体の長さの関係を調べます。次の問題に答えましょう。　　　　　　　　　　　　　　　　　　　　　［1問　10点］

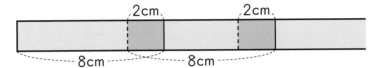

① 下の表のあいているところに，あてはまる数を書きましょう。

テープの数　（本）	1	2	3	4	
全体の長さ　（cm）	8	14			

② テープの数が1本ずつふえると，全体の長さは
　何cmずつふえますか。

表を横に見ていくと，
どんなきまりが見つ
かるかな。

（　　　　　　　）

③ テープを5本つなぐと，全体の長さは何cmになりますか。

（　　　　　　　）

④ 全体の長さを50cmにするには，テープを何本つなぐとよいですか。

（　　　　　　　）

まとめ ①

4年のまとめ①

1 下の2つの折れ線グラフは，2時間ごとの気温と地面の温度を表したものです。次の問題に答えましょう。 ［1問 7点］

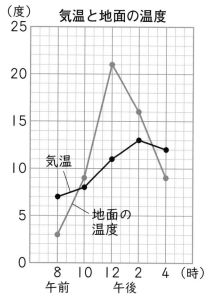

気温と地面の温度

気温

地面の温度

① 午前8時の気温は何度ですか。

( )

② 地面の温度の下がり方が大きいのは，何時と何時の間ですか。

(と の間)

③ 変わり方が大きいのは，気温と地面の温度のどちらですか。

( )

④ 午前12時（正午）のとき，気温と地面の温度は，どちらのほうが何度高いですか。

(のほうが 高い。)

2 右の表は，赤，青，緑のリボンの長さを表したものです。次の問題に答えましょう。 ［1問 8点］

リボンの長さ

赤	8m
青	4m
緑	5m

① 赤のリボンの長さは，緑のリボンの長さの何倍ですか。

式

答え ( )

② 青のリボンの長さは，緑のリボンの長さの何倍ですか。

式

答え ( )

3 下の表は，4年1組，2組，3組の人が，休み時間にどのような遊び道具を借りたかを調べたものです。次の問題に答えましょう。　　　　　　　[1つ　5点]

借りた遊び道具　　　　　　　（人）

組＼種類	ボール	なわとび	一輪車	竹馬	その他	合計
1組	10	あ	5	4	6	33
2組	7	9	6	い	0	う
3組	12	10	6	2	0	30
合計	29	え	17	16	6	お

① 表のあ～おにあてはまる数を書きましょう。

② いちばん多く借りられた遊び道具は何ですか。　　（　　　　　　　　）

③ いちばん多く遊び道具を借りたのは何組ですか。　（　　　　　　　　）

4 25まいのカードを兄と弟の2人で分けます。次の問題に答えましょう。
　　　　　　　　　　　　　　　　　　　　　　　　　　　　　　[1問　7点]

兄　□（まい）	1	2	3	4	5	6	
弟　○（まい）	24	23	22	21	20	19	

① 兄の持っているまい数が1まいずつふえると，弟のまい数はどのように変わりますか。

　　　　　　　　　　　　　　　　　　　　　　（　　　　　　　　）

② 兄が持っているカードのまい数を□まい，弟が持っているカードのまい数を○まいとして，□と○の関係を式に表しましょう。

　　　　　　　　　　　　　　　　　　　　　　（　　　　　　　　）

③ 兄が12まい持っているとき，弟は何まい持っていますか。

　　　　　　　　　　　　　　　　　　　　　　（　　　　　　　　）

4年のまとめ②

とく点

点

答え 別さつ30ページ

1 下の図のように，●の石を正方形の形になるようにならべていきます。□番目の石の数を○ことして，次の問題に答えましょう。 [1問 10点]

1番目 → 2番目 → 3番目 → 4番目 → …

① □と○の関係を，下の表に表します。表のあいているところに，あてはまる数を書きましょう。

順番 □(番目)	1	2	3	4	
石の数 ○(こ)	4	8			

② ○は□の何倍になっていますか。 (   )

③ □と○の関係を，式に表しましょう。 (   )

④ 10番目の石の数は何こですか。 (   )

2 大人8人と子ども12人が，パンかおにぎりを買いました。おにぎりを買ったのは6人で，そのうち4人が大人です。パンを買った子どもの人数を求めます。次の問題に答えましょう。 [1問 10点]

① 右の表に数を書き入れて，表を完成させましょう。

② パンを買った子どもの人数は何人ですか。

(   )

パンとおにぎり調べ （人）

	パン	おにぎり	合計
大人			
子ども			
合計			

3 そうたさんが持っている図かんと物語の本の重さをくらべると，図かんは840g で，物語の本の重さの3倍です。物語の本の重さは何gですか。 　　[10点]

式

答え （　　　　　　　）

4 35cmの長さのゴムＡ（エー）をいっぱいまでのばすと，105cmになります。70cmの 長さのゴムＢ（ビー）をいっぱいまでのばすと，140cmになります。割合でくらべると， どちらのゴムがよくのびるといえますか。 　　[10点]

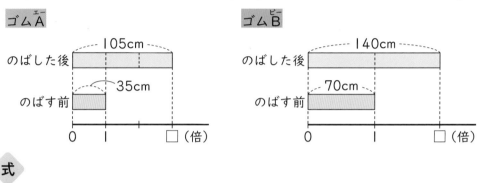

式

答え （　　　　　　　）

5 ひまりさんは，住んでいる町の8月の最高気温とプールの利用者数の関係について調べました。下の表は，8月の最高気温を，下のぼうグラフは，プールの 利用者数を表しています。次の問題に答えましょう。 　　[1問　10点]

8月の最高気温

日	5	10	15	20	25	30
気温（度）	36.8	37.4	38.2	38.4	37.6	37.0

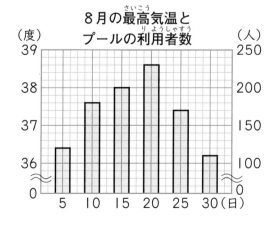

① 左のグラフ用紙に，8月の最高気 温の変わり方を，折れ線グラフに表 しましょう。

② 8月の最高気温とプールの利用者 数の関係について，気温が上がると， プールの利用者数はどのように変化 しますか。

（　　　　　　　　　　　　　　　　　）

基礎力をつけるには くもんの小学ドリル が 強いみかた!!

スモールステップで、らくらく力がついていく!!

算数

計算シリーズ(全13巻)
① 1年生たしざん
② 1年生ひきざん
③ 2年生たし算
④ 2年生ひき算
⑤ 2年生かけ算(九九)
⑥ 3年生たし算・ひき算
⑦ 3年生かけ算
⑧ 3年生わり算
⑨ 4年生わり算
⑩ 4年生分数・小数
⑪ 5年生分数
⑫ 5年生小数
⑬ 6年生分数

数・量・図形シリーズ(学年別全6巻)

文章題シリーズ(学年別全6巻)

学力チェックテスト

算数(学年別全6巻)

国語(学年別全6巻)

英語(5年生・6年生 全2巻)

国語

1年生ひらがな

1年生カタカナ

漢字シリーズ(学年別全6巻)

言葉と文のきまりシリーズ(学年別全6巻)

文章の読解シリーズ(学年別全6巻)

書き方(書写)シリーズ(全4巻)
① 1年生ひらがな・カタカナのかきかた
② 1年生かん字のかきかた
③ 2年生かん字の書き方
④ 3年生漢字の書き方

英語

3・4年生はじめてのアルファベット
ローマ字学習つき

3・4年生はじめてのあいさつと会話

5年生英語の文

6年生英語の文

くもんの算数集中学習　小学4年生 データの活用にぐーんと強くなる

2023年2月　第1版第1刷発行

●印刷・製本　　株式会社精興社
●カバーデザイン　辻中浩一+村松亨修(ウフ)
●カバーイラスト　亀山鶴子

●本文イラスト　原あいみ・TIC TOC
●本文デザイン　岸野祐美
　　　　　　　(株式会社京田クリ
●編集協力　　株式会社アポロ企

●発行人　志村直人
●発行所　株式会社くもん出版
　〒141-8488　東京都品川区東五反田2-10-2
　　　　　　　東五反田スクエア11F
　電話　編集直通　03(6836)0317
　　　　営業直通　03(6836)0305
　　　　代表　　　03(6836)0301

© 2023 KUMON PUBLISHING CO.,Ltd　Printed in Japan
ISBN 978-4-7743-3361-8
落丁・乱丁はおとりかえいたします。
本書を無断で複写・複製・転載・翻訳することは、法律で認められた場合を除き禁じられてい
購入者以外の第三者による本書のいかなる電子複製も一切認められていませんのでご注意く
CD 57339

くもん出版ホームページアドレス　https://www.kumonshuppan.com/

小学4年生

データの活用に

ぐーーんと

強くなる

別冊
解答

・答え合わせをして，まちがえた問題は「ポイント」や「とき方」を
よく読んで，もう一度取り組みましょう。

・〔　　〕は，他の答え方です。

・(例)は答えの例です。言葉や文を書いて答える問題は，
問題文の指じにしたがって書けていれば正かいです。

1 グラフと表① ぼうグラフ P4・5

1 ① 1人
   ② 6人
   ③ 赤
   ④ 緑, 2人

2
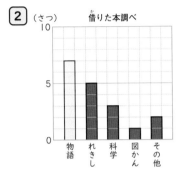

(さつ) 借りた本調べ

3 ① 2人
   ② トマト
   ③ 8人
   ④ 2組

とき方

1 ① たてのじくのめもりは, 0〜5の間で, 5等分になっているから, 1めもりは1人を表します。
   ③「いちばん多い」とあるので, いちばんぼうが高いものを選びます。
   ④ 緑は4人, 黄色は2人なので, 4−2=2で, ちがいは2人です。

2 たてのじくの1めもりは1さつを表します。
   れきしは5さつなので, たてのめもり5つ分です。
   科学は3さつなので, たてのめもり3つ分です。
   図かんは1さつなので, たてのめもり1つ分です。
   その他は2さつなので, たてのめもり2つ分です。

3 ① たてのじくのめもりは, 0〜10の間で, 5等分になっているから, 1めもりは2人を表します。
   ④ 1組は4人, 2組は6人なので, 2組のほうが多いです。

2 グラフと表② 折れ線グラフ① P6・7

1 ① 気温
   ② 1度
   ③ 6度
   ④ 午後2時

2 ① 2度
   ② 7月
   ③ 月…1月
     気温…8度

3 ① 10さつ
   ② 10月, 1月, 2月
   ③ 月…12月
     借りた本の数…220さつ

ポイント!

たてのじくの1めもりが, いくつを表しているかを読み取ります。

とき方

1 ② たてのじくのめもりは, 0〜5の間で, 5等分になっているから, 1めもりは1度を表します。また, たてのじくの上に書いてある単位をつけて答えます。
   ④「いちばん高い」とあるので, 折れ線グラフのいちばん高いところの時こくを読み取ります。

2 ① たてのじくのめもりは, 0〜10の間で, 5等分になっているから, 1めもりは2度を表します。

3 ① たてのじくのめもりは, 0〜50の間で, 5等分になっているから, 1めもりは10さつを表します。

3 グラフと表③ 折れ線グラフ② P8・9

1 ① 午後2時
   ② 午後5時
   ③ 2度
   ④ 午前10時, 午前11時

2 ① 8月, 10月
   ② 4月, 6月
   ③ 800g

3 ① 20cm

② 午後3時，午後4時

③ 60cm

> 💡 **ポイント！**
> ・グラフの線が右上がり→ふえる（上がる）
> ・グラフの線が右下がり→へる（下がる）
> かたむきが急であるほど，変わり方は大きいです。

とき方

1 ① 線のかたむきが右上がりになっているのは，午前8時から午後2時の間です。

② 線のかたむきが右下がりになっているのは，午後2時から午後5時の間です。

③ たてのじくの1めもりは1度を表します。午前8時と午前9時の間で，気温はめもり2つ分ふえているので，気温は2度上がります。

④ 線が右上がりで，かたむきがいちばん急になっているところをさがします。午前10時と午前11時の間がいちばん急で，気温は3度上がっています。

2 ① 「体重が変わっていない」とあるので，線がかたむいていないところをさがします。

② 「ふえ方がいちばん大きい」とあるので，線が右上がりで，かたむきが急になっているところをさがします。

③ たてのじくのめもりは，0～1000の間で，5等分になっているから，1めもりは200gを表します。4めもり分ふえているので，800gふえています。

3 ① たてのじくのめもりは，0～50の間で，5等分になっているから，1めもりは10cmを表します。

②③ 線のかたむきがいちばん急になっているところをさがします。午後3時と午後4時の間は，6めもり分ふえています。

---

4 グラフと表④
折れ線グラフのかき方① P10・11

1 ①～④

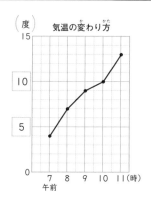

度　気温の変わり方

---

2 ①～⑥

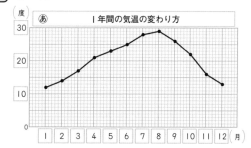

> 💡 **ポイント！**
> たてのじくと横のじくのめもりの間かくがそれぞれ同じになるように，数を書きます。

とき方

1 ① たてのじくで，5度ごとにめもりが表す数を書きます。

② たてのじくは気温を表すので，単位は「度」です。

③ たてのじくの1めもりは1度を表すので，午前7時は，横のじくの午前7時と，たてのじくのめもりの下から4つ目が交わるところに•をかきます。

④ •と•を結ぶ直線は，じょうぎを使ってひきます。

2 ①② 横のじくは，1月から12月までの月を表します。左から順に，□に1，2，…と書いていきます。

③④ たてのじくは，気温を表します。表で，いちばん高い気温は29度なので，グラフのたてのじくに29が入るように，めもりをつけます。1めもりにつき1度を表すようにめもりをつけると，たてのじくのいちばん上は30度を表します。

⑤ 表を見て，横のじくの月と，たてのじくの気温が交わるところに，それぞれ•をかいていきます。

⑥ 表題は，問題文や表とそろえて書きます。

1 ①～④

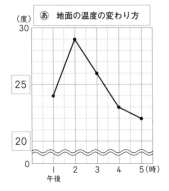
ぁ 地面の温度の変わり方

2 ①～⑥

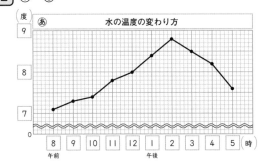
ぁ 水の温度の変わり方

> 💡ポイント！
>
> グラフのとちゅうを省いている場合，めもりの
> つけ方に気をつけます。

とき方

1 ① たてのじくのいちばん上は30度を表してい
るので，いちばん低い温度（22度）が入るよ
うに，めもりをつけます。
③ ・どうしを直線で結ぶときは，じょうぎを
使います。

2 ①② 横のじくは，午前8時から午後5時まで
の時こくを表します。表の時こくにあわせて，
左から順に，□に8，9，…と書いていきます。
③④ たてのじくは，水の温度を表します。表か
ら，いちばん低い温度（7.1度）と，いちばん
高い温度（8.8度）が入るように，めもりをつ
けます。いちばん下の□と，いちばん上の□
の間には20めもりあるので，10めもりで
1度高くなると考えて，下から順に，□に7，
8，9と書いていきます。
⑤ たてのじくの水の温度は，10めもりで1度
高くなるので，1めもりは0.1度を表します。
表を見て，横のじくの時こくと，たてのじく
の水の温度が交わるところに，それぞれ・を
かいていきます。
⑥ 表題は，問題文や表とそろえて書きます。

1 ①

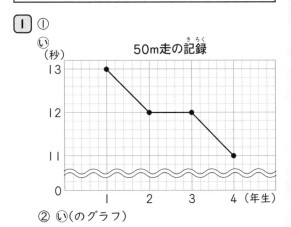
い（秒） 50m走の記録

② い（のグラフ）

2 ①

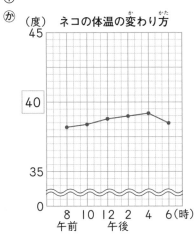
か（度） ネコの体温の変わり方

②

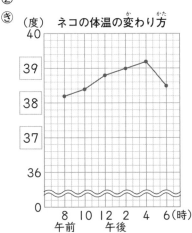
き（度） ネコの体温の変わり方

③④

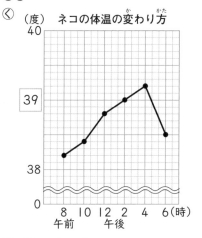

(度) ネコの体温の変わり方

あ(縦軸 40, 39, 38)

8 10 12 2 4 6 (時)
午前　午後

⑤ ⓚ(のグラフ)

💡ポイント!

たてのじくのめもりのつけ方を変えることで，グラフの見え方を変えることができます。

とき方

1 ① あのたてのじくのめもりは，0〜5の間で，5等分になっているので，1めもりは1秒を表しています。また，ⓘのたてのじくのめもりは，11〜12の間で，5等分になっているので，1めもりは0.2秒を表しています。
　② かたむきが大きく表されるⓘのグラフのほうが，変化していく様子がわかりやすいです。

2 たてのじくのめもりは，〜〜の上のめもりの数と，いちばん上のめもりの数から考えます。
　① たてのじくの35と□の間は10めもり，□と45の間は10めもりなので，□には，35と45のちょうど真ん中の40があてはまります。
　② たてのじくは，36から40まで4等分されるので，□には，下から順に37，38，39があてはまります。
　③ たてのじくの38と□の間は10めもり，□と40の間は10めもりなので，□には，38と40のちょうど真ん中の39があてはまります。
　④ ⓚのたてのじくは，10めもりで1度高くなるので，1めもりは0.1度を表します。
　⑤ か〜ⓚのグラフのうち，かたむきがいちばん大きく表されるⓚのグラフが，変化していく様子がわかりやすいです。

1 ①③

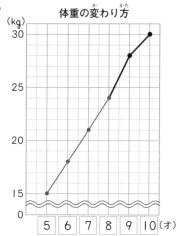

(kg) 体重の変わり方

30, 25, 20, 15

5 6 7 8 9 10 (才)

② 21kg
④ 8才と9才の間
⑤ 2倍

2 ①②

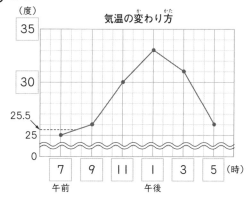

(度) 気温の変わり方

35, 30, 25.5, 25

7 9 11 1 3 5 (時)
午前　　　午後

③ エ
④ いえない。

とき方

1 ② 表からはわからないので，折れ線グラフから読み取ります。
　③ 点(•)どうしを直線で結ぶのをわすれないようにします。

2 ② 気温を表すたてのじくのいちばん上は，33度が入るように，35度とします。
　③ ア…午後1時の気温は33度です。
　　　イ…午後3時と午後5時の気温は5度ちがいます。
　　　ウ…いちばん気温の変わり方が大きいのは，午後3時と午後5時の間です。
　④ 折れ線グラフの点(•)と点(•)の間の気温は，はかったものではないので，正かくではありません。

8 グラフと表⑧
折れ線グラフと表② P18·19

1 ① 日本の生まれた子どもの数

年	人数(人)
2000	119万
2005	106万
2010	107万
2015	101万
2020	84万

②

日本の生まれた子どもの数

2 ① 交通事この発生けん数

年	けん数(けん)
2015	54万
2016	50万
2017	47万
2018	43万
2019	38万
2020	31万
2021	31万

②

交通事この発生けん数

③ 2015年

④ 約23万けん

⑤ 2019年と2020年の間

ポイント!

四捨五入して，がい数を求めるときは，求める位の1つ下の位の数字が，

- 0，1，2，3，4は，切り捨てます。
- 5，6，7，8，9は，切り上げます。

とき方

1 ① 一万の位までのがい数を求めるので，千の位の数字を四捨五入します。

2005年　1062530人→106万人

2010年　1071305人→107万人

2015年　1005721人→101万人

② ①でがい数にした数を使って，折れ線グラフに表します。たてのじくの1めもりは1万人を表します。年を表す横のじくと，人数を表すたてのじくの交わるところに，それぞれ・をかいて，直線で結びます。

2 ① 一万の位までのがい数を求めるので，千の位の数字を四捨五入します。

2016年　499201けん→50万けん

2017年　472165けん→47万けん

2018年　430601けん→43万けん

2019年　381237けん→38万けん

② たてのじくの1めもりは1万けんを表します。横のじくとたてのじくの交わるところに，それぞれ・をかいて，直線で結びます。

③ ・がグラフのいちばん高いところにある年をさがします。

④ 一万の位までの数で答えます。

2015年が約54万けん，2021年が約31万けんなので，54万－31万＝23万で，約23万けんです。

⑤ 線のかたむきがいちばん急になっているところをさがします。

9 グラフと表⑨
折れ線グラフとぼうグラフ① P20·21

1 ① 気温

② こう水量

③ 月…7月
　こう水量…230mm

④ 月…2月
　気温…3度

② ①

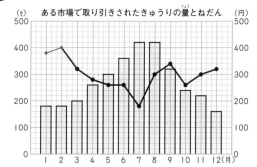

② 月…2月

　　ねだん…400円
③ 月…12月

　　量…160t
④ 320円
⑤ 420t
⑥ 7月と8月の間

ポイント！
折れ線グラフとぼうグラフのたてのじくのめもりを読みまちがえないように注意します。

とき方

1 ①② たてのじくのいちばん上の（　）内の単位からもわかります。
③ こう水量は，ぼうグラフで表されています。ぼうグラフがいちばん高いのは7月で，右のたてのじくの1めもりは10mmを表していることから，7月のこう水量は230mmだとわかります。
④ 気温は折れ線グラフで表されています。折れ線グラフがいちばん低いのは2月で，左のたてのじくの1めもりは1度を表していることから，2月の気温は3度だとわかります。

2 ① 折れ線グラフをかくとき，ねだんは，右のたてのじくのめもりにあわせます。右のたてのじくの1めもりは20円を表します。横のじくの月と，たてのじくのねだんが交わるところに，それぞれ●をかいていきます。
② 折れ線グラフがいちばん高いときの横のじくと，右のたてのじくのめもりを読みます。
③ ぼうグラフがいちばん低いときの横のじくと，左のたてのじくのめもりを読みます。
④ ぼうグラフがいちばん低いのは12月なので，12月の折れ線グラフのめもりを読みます。
⑤ 折れ線グラフがいちばん低いのは7月なので，7月のぼうグラフのめもりを読みます。
⑥ 折れ線グラフが右上がりになっていて，かたむきがいちばん急になっているところをさがします。

1 ① 日…30日

　　売れた数…31こ
② 日…5日

　　売れた数…7こ
③ 多い

2 ひかり…（左から）9，10

　れん…（左から）7，8

　かいと……（上から）低い，高い

ポイント！
ぼうグラフと折れ線グラフの変わり方に着目して，2つのことがらにどのような関係があるかを読み取ります。

とき方

1 ① 「いちばん気温が高い」とあるので，折れ線グラフのいちばん高いところを見ます。30日がいちばん高いので，そのときのぼうグラフのめもり（右のたてのじく）を読みます。ぼうグラフの1めもりは1こを表します。
③ グラフから，気温が高くなるほど，すいかの売れる数が多くなっていることがわかります。

2 ひかり…エアコンをつけていた時間は，ぼうグラフで表されています。グラフから，ぼうグラフが0になっているのは，4月から6月と9月，10月です。
れん…気温は，折れ線グラフで表されています。グラフから，気温が30度以上になっているのは，7月と8月です。
かいと…文中の「室内の温度を上げ」「室内の温度を下げ」に着目して考えます。グラフから，気温が10度以下と，気温が30度以上のとき，エアコンをつけていた時間が長いことがわかります。

1 ①～④

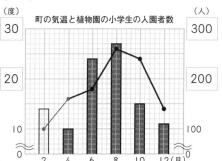

2 ①

年	買った量 （t）	買った 金がく （億円）
2015	84000	127
2016	102000	141
2017	91000	138
2018	82000	137
2019	88000	131
2020	93000	142

②③

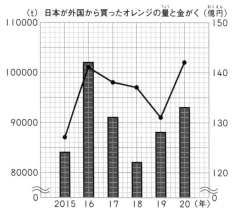

④ ウ

とき方

1 ① 気温は、左のたてのじくに表されます。表から、気温がいちばん低い10度と、気温がいちばん高い26度が入るように、めもりをつけます。

③ 入園者数は、右のたてのじくに表されます。表から、入園者数がいちばん少ない100人と、入園者数がいちばん多い270人が入るように、めもりをつけます。

2 ① 買った量（t）を千の位までのがい数で表すので、百の位の数字を四捨五入します。

$$\overset{1000}{2017年\ 90593t}→91000t$$
$$\overset{2000}{2018年\ 81593t}→82000t$$
$$\overset{000}{2019年\ 88213t}→88000t$$
$$\overset{3000}{2020年\ 92909t}→93000t$$

④ ア…買った量がいちばん多い年は2016年、買った金がくがいちばん多い年は2020年です。

イ…買った金がくがいちばん少ない年は2015年、買った量がいちばん少ない年は2018年です。

エ…2019年は2018年より買った量はふえていますが、買った金がくはへっています。

1 ① 4度
② 8月
③ 4月から11月まで
④ あの都市

2 ①

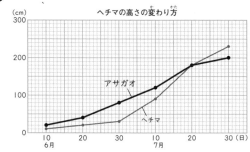

② 7月20日
③ アサガオ
④ 6月30日
⑤ アサガオ、50cm

とき方

1 ① 1月のあといの気温は、たてのじくのめもり4つ分ちがいます。

② あの折れ線グラフで、いちばん・が高いところにあるのは8月です。

③ 折れ線グラフで、いの・よりもあの・が上になっているのは、横のじくの4〜11のときです。

④ 折れ線グラフで、いよりもあのほうが線のかたむきが大きいこと、いちばん低い気温といちばん高い気温の差があのほうが大きいことから、あの都市のほうが気温の変わり方が大きいといえます。

2 ① たてのじくの1めもりは10cmを表します。

横のじくの日にちと，たてのじくの高さが交わるところに，それぞれ・をかいて，直線で結びます。
② 7月20日に，アサガオとヘチマの点（・）が重なっています。
③ 6月20日と6月30日の間で，ヘチマは10cm，アサガオは40cm高くなっています。
④⑤ 2つの折れ線グラフの間がいちばん開いているのは6月30日です。その日のヘチマの高さは30cm，アサガオの高さは80cmなので，80-30=50で，ちがいは50cmです。

13 グラフと表⑬
2つの折れ線グラフ②　P28・29

①～⑥

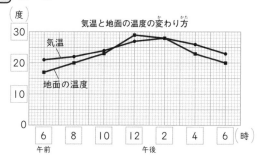
気温と地面の温度の変わり方

② ① まど側
② まど側

◆ポイント！
2つの折れ線グラフを1つにまとめて表すときは，2つのデータのうち，いちばん小さい数といちばん大きい数が入るように，たてのじくのめもりをつけます。

とき方
①①② 横のじくは，時こくを表します。
③④ たてのじくは，気温と地面の温度を表します。表から，いちばん低い気温や温度（17度）と，いちばん高い気温や温度（29度）が入るように，めもりをつけます。
⑤⑥ 1つのグラフに，2つの折れ線グラフをかくときは，点の形や線の色などを変えたりして，区別がつくようにします。
②① ドア側よりもまど側の気温のほうが，線のかたむきが大きく，いちばん気温が低いときと，いちばん気温が高いときの差が大きくなっています。
② 午前7時と午前8時は，ドア側のほうがまど側よりも気温が高くなっています。しかし，その他の時こくでは，ドア側よりもまど側の

ほうが気温が高くなっているか，同じになっているので，昼の間は，ドア側よりもまど側のほうがあたたかいといえます。

14 グラフと表⑭
2つの折れ線グラフ③　P30・31

① ① あ…2kg
い…1kg
② 3年生…12kg
4年生…16kg
③ いえない。

② ① か…2度
き…1度
②③
く（度）
AとBの都市の気温

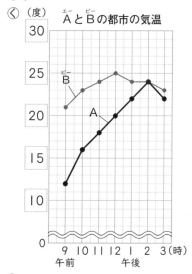

④ エ

◆ポイント！
2つのグラフをくらべるときは，たてのじくと横のじくのめもりのつけ方のちがいに気をつけます。

とき方
①① あのたてのじくの1めもりは2kgを表します。いのたてのじくの1めもりは1kgを表します。
③ ①から，あといのグラフのたてのじくの1めもりが表す重さはちがうので，同じ6めもりでも，同じ重さとはいえません。
②① かのたてのじくの1めもりは2度を表します。きのたてのじくの1めもりは1度を表します。
② AとBの両方の都市で，いちばん低い気温（12度）と，いちばん高い気温（25度）が入るように，めもりをつけます。

④ 2つの折れ線グラフを1つにまとめて表した
　㋖のグラフでくらべると，ちがいがわかりや
　すくなります。
　ア…グラフから，•がいちばん上にあるのは，
　　Bの都市の午前12時のときで，いちば
　　ん気温が高いです。
　イ…午前9時から午前10時の間で，Aの都
　　市は4度，Bの都市は2度気温が上がっ
　　ています。
　ウ…ほとんどの時こくにおいて，Aの都市よ
　　りもBの都市のほうが気温が高くなって
　　います。

15　グラフと表⑮
いろいろなグラフ　　　　P32·33

1　① ア，エ
　　② イ，ウ

2　① イ
　　② ウ

3　① イ
　　② ウ
　　③ エ

ポイント！

折れ線グラフ…変わっていくものの様子がわか
　　　　　りやすい。
ぼうグラフ…数が多いか，少ないかがわかりや
　　　　　すい。

とき方

1①② アとエは変わっていくものの様子がわか
　りやすい折れ線グラフに，イとウは種類ごと
　に多いか少ないかがわかりやすいぼうグラフ
　に，それぞれ表したほうがよいです。

2実さいに，折れ線グラフやぼうグラフで表して
　みると，わかりやすくなります。
　① 横のじくを月，たてのじくを気温として折
　れ線グラフに表すと，ろうか側とまど側の気
　温が変わっていく様子がわかるとともに，2
　か所の気温の変化のちがいがくらべやすくな
　ります。
　② 横のじくを月，左（または右）のたてのじく
　を気温，右（または左）のたてのじくをこう水
　量として，気温を折れ線グラフ，こう水量を
　ぼうグラフに表します。

3① 「水があたたまる」ということは温度が上が
　るということなので，線のかたむきは右上が
　りになります。

---

② 「水が冷えていく」ということは温度が下が
　るということなので，線のかたむきは右下が
　りになります。
③ 「5分間熱してあたためた」から，線のかた
　むきは5分間右上がりになって，その後「5
　分間冷ました」から，線のかたむきは5分間
　右下がりになります。

16　グラフと表⑯
データを読みとく問題①　　P34·35

1　① ウ
　　② 右上がり
　　③ ア

2　① ふえている。
　　② （例）7月よりもふえる。

ポイント！

グラフ全体のかたむき方から，ぬけたデータや
しょう来のデータを予想します。

とき方

1① 1〜4日までと6〜9日までが右上がりのグ
　ラフになっていることから，4〜6日までも
　右上がりのグラフになると予想できます。だ
　から，5日は，4日より高く6日より低い高
　さとなっているグラフを選びます。
② ①と同様に，グラフ全体が右上がりになっ
　ているので，9日の後も花は成長し続け，高
　くなっていくと予想されます。
③ イ…このままのびていくと，11日は52cm
　　ぐらいになると予想されます。
　ウ…このままのびていくと，9日から11日
　　の間で，花の高さは0.8cmぐらい高く
　　なると予想されます。

2① グラフから，折れ線グラフが右上がりにな
　るとぼうグラフも長くなり，折れ線グラフが
　右下がりになるとぼうグラフも短くなってい
　ます。折れ線グラフは気温を，ぼうグラフは
　売り上げを表すので，気温が上がると売り上
　げもふえるといえます。
② ①の気温と売り上げの関係から，気温が上
　がるにつれて，売り上げもふえると予想でき
　ます。

1 ① イ

②

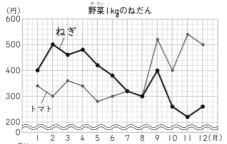

野菜1kgのねだん

③ (例)ねぎ1kgのねだんは，1月から9月より，10月から12月のほうが安いです。

④ 7月，8月

2 ① 138さつ

② いえない。

ポイント!

2つの折れ線グラフを1つにまとめて表すと，ちがいが見えやすくなります。

とき方

1 ① 月ごとのトマト1kgのねだんの変化を表した折れ線グラフなので，イの前の月より安くなった月は読み取ることができます。アのトマトがいちばん売れた月と，ウのトマト1kgのねだんが前の年の同じ月とくらべて高かったかどうかは，このグラフからは読み取ることはできません。

② たてのじくの1めもりは20円を表します。横のじくの月とたてのじくのねだんが交わるところに，それぞれ•をかいて，直線で結びます。

③ グラフを見ると，ねぎのねだんは9月までは300円以上ですが，10月からは200円台にまで下がっています。

④ トマトとねぎの折れ線グラフの点(•)が重なっているのは，7月と8月です。

2 ① (借りた本の合計)−(1組が借りた本の数)＝(2組が借りた本の数)で求めます。
グラフから，8月に4年1組と4年2組が借りた本の合計は300さつです。また，8月に1組は162さつ借りたので，300−162＝138で，2組が借りた本の数は138さつです。

② この折れ線グラフだけでは，1組と2組のそれぞれが借りた本の数までは読み取ることはできません。

---

1 ① 180人

②

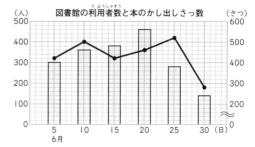

図書館の利用者数と本のかし出しさっ数

③ 10日と15日

④ ウ

⑤ ぼうグラフ

ポイント!

予想したことを調べるには，必要なデータを集めて，グラフなどに表します。

とき方

1 ① 6月20日と25日では，左のたてのじくを見ると，9めもり分下がっています。左のたてのじくの1めもりは20人を表します。
20(人)×9(めもり)＝180で，ちがいは180人です。また，6月20日の利用者数が460人，6月25日の利用者数が280人であることから，460−280＝180で，ちがいは180人と求めることもできます。

② 右のたてのじくの1めもりは20さつを表します。横のじくの日にちとたてのじくのさっ数の交わるところに，それぞれ•をかいていきます。

③ グラフを見ると，6月10日と6月15日では，ぼうグラフは長くなっていますが，折れ線グラフは右下がりになっています。ぼうグラフは利用者数を，折れ線グラフはかし出しさっ数を表すことから，6月10日と6月15日では，利用者数がふえてもかし出しさっ数はへっていることがわかります。

④「多くの人が借りている本の種類」とは，ウの「図書館でかし出しが多い本の種類」ということです。

⑤ 多い，少ないを表すときはぼうグラフがよいです。横のじくを本の種類，たてのじくをかし出した本のさっ数として，ぼうグラフに表します。折れ線グラフは変化の様子を表すので，④のアのような「毎月1日の図書館の利用者数」などを表すときに用いるとよいです。

19 データを読みとく問題④

P40·41

① ① 9000円
② いえない。
③ ウ
④ 2日, 4日
⑤ ジャムパンとカレーパン

ポイント!

グラフから, 数を読み取って, 計算することもできます。

とき方

① ① 表より, あんパンのねだんは1こ150円です。ぼうグラフのたてのじくの1めもりは20こを表します。あんパンはめもり3つ分なので, 1週間に60こ売れたことがわかります。
(あんパン1このねだん)×(売れた数)
=(売れた金がく)だから, 150×60=9000で, 売れた金がく(売り上げ)は9000円です。
② いちばんねだんが高い食パンの売れた数がいちばん多くなっているので, パンのねだんと売れた数に関係はありません。
③ ア…土曜日は金曜日よりも売れたパンの数はふえていますが, 売り上げはへっています。
イ…木曜日と金曜日は売れたパンの数は同じですが, 売り上げは金曜日のほうが多いです。
④ グラフのたてのじくが0になっているのは, 2日と4日です。
⑤ 8月3日に使ったおこづかいは320円なので, 320円で買えるパンの組み合わせを考えます。120円のジャムパンと, 200円のカレーパンを1こずつ買うと,
120+200=320で, 320円になります。
160円のクリームパンを2こ買っても,
160×2=320で, 320円になりますが, 「2種類のパンを1こずつ」買ったので, つむぎさんが買ったのは, ジャムパンとカレーパンです。

20 データを読みとく問題⑤

P42·43

① ① データ2
② いえない。
③ 物語
④ データ4
⑤ (例)好きな人がいちばん多い物語の本のしょうかいが図書館で行われていたから。

ポイント!

目的にあわせて必要なデータを選びます。また, いくつかのデータから関係を見つけることもできます。

とき方

① ①② めいさんは図書館の利用者数と気温の関係について話していることから, データ1とデータ2を組み合わせて考えます。めいさんは, 利用者が少ないのは気温が低いからだと予想していますが, データ1でいちばん利用者数が少ない30日は, データ2で見ると, いちばん気温が高いので, めいさんの予想は正しいとはいえません。
③④ 6月20日にしょうかいされた本の種類は, データ4を見ればわかります。
⑤ データ3から, 「物語」は好きな人がいちばん多い本の種類ということがわかります。また, データ4では, 6月20日におすすめの物語の本のしょうかいが図書館で行われたことがわかります。これらのことから, 物語の本が好きな人が図書館に行ったことで, 6月20日の図書館の利用者数がふえたと予想できます。

21 倍の見方①

割合①

P44·45

① ① もとにする大きさ
…小さいバケツに入る水の量
くらべる大きさ
…大きいバケツに入る水の量
② 10÷5=2 答え 2倍
③ 2

② ① 30÷15=2 答え 2倍
② 30÷10=3 答え 3倍
③ (1) 2 (2) 3

③ 24÷4=6 答え 6倍

ポイント!

もとにする大きさが何かを考えてから, 式をつくります。
○が△の□倍→○÷△=□

とき方

① ① もとにする大きさは, 小さいバケツに入る水の量の5Lです。くらべる大きさは, 大きいバケツに入る水の量の10Lです。
② 倍を表す数は, (くらべる大きさ)÷(もとにする大きさ)の式で求めます。

② もとにする大きさは，もとの長さなので，Ａ（エー）の
ゴムは15cm，Ｂ（ビー）のゴムは10cmです。
①② （のばしたときの長さ）÷（もとの長さ）で，
のばしたときの長さがもとの長さの何倍かが
求められます。
③ もとにする大きさを1とみたとき，くらべ
る大きさがいくつにあたるか（何倍にあたる
か）を表した数を，割合（わりあい）といいます。

③ もとにする大きさはみかんの重さです。（りん
ごの重さ）÷（みかんの重さ）で，りんごがみか
んの何倍かが求められます。

---

[1] ① 3
② 20×3＝60   答え 60本
③ 60

[2] ①

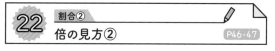

② 40×4＝160   答え 160ページ

[3] ① 110×2＝220   答え 220円
② 110×5＝550   答え 550円
③ (1) 2   (2) 5

💡 **ポイント！**

（もとにする大きさ）×（何倍にあたるか）の式で，
くらべる大きさが求められます。
△の□倍が○→△×□＝○

とき方

[1] 赤い花の数の3倍が，白い花の数です。

[2] きのう読んだ本のページ数の4倍が，今日読ん
だ本のページ数です。

[3]① あんパンのねだんの110円の2倍が，サン
ドウィッチのねだんです。
② あんパンのねだんの110円の5倍が，食パ
ンのねだんです。

---

[1] ① □×2＝620
② 620÷2＝310   答え 310（円）
③ 310

[2] ①

② □×7＝35
③ 35÷7＝5   答え 5（g）

[3] ① □×3＝870
870÷3＝290   答え 290mL
② □×5＝870
870÷5＝174   答え 174mL

💡 **ポイント！**

もとにする大きさがわからないときは，もとに
する大きさを□として，かけ算の式で表してか
ら求めます。

とき方

[1]① もとにする大きさは子どもの入園料（にゅうえんりょう）で，子
どもの入園料（にゅうえんりょう）の2倍が大人の入園料です。子
どもの入園料（にゅうえんりょう）を□表します。
② もとにする大きさは，（くらべる大きさ）
÷（何倍にあたるか）の式で求めます。
③ 310円の2倍が620円です。

[2] もとにする大きさは生まれたときの体重で，生
まれたときの体重の7倍が，今の体重です。

[3]① もとにする大きさ

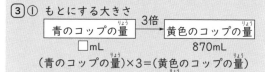

（青のコップの量（りょう））×3＝（黄色のコップの量（りょう））
となります。青のコップの量（りょう）を□で表します。
② もとにする大きさ

（赤のコップの量（りょう））×5＝（黄色のコップの量（りょう））
となります。赤のコップの量（りょう）を□で表します。

24 割合④ 倍の見方④ P50·51

1 ①

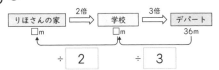

② 36÷3=12　　　　答え 12m

③ 12÷2=6　　　　答え 6m

2 ① 16÷4=4　　　　答え 4kg

② 4÷2=2　　　　答え 2kg

3 ペットボトルの水の量…200÷10=20

水とうの水の量…20÷5=4　　答え 4dL

4 チョコレートの数…72÷4=18

キャラメルの数…18÷3=6　　答え 6こ

ポイント!

1 ①のような割合をつなげた図に表して、もとにする大きさを順に求めます。

とき方

1 ① りほさんの家の高さの2倍が学校の高さで、学校の高さの3倍がデパートの高さです。

② もとにする大きさは、学校の高さです。学校の高さの3倍が、デパートの高さの36mです。

③ ②で求めた学校の高さは、くらべる大きさになり、もとにする大きさは、りほさんの家の高さになります。りほさんの家の高さの2倍が、学校の高さの12mです。

2
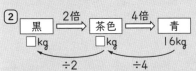

① もとにする大きさは、茶色のかばんの重さです。

② ①で求めた茶色のかばんの重さは、くらべる大きさになり、もとにする大きさは、黒のかばんの重さになります。

3 まず、ペットボトルの水の量を求めてから、水とうの水の量を求めます。

4
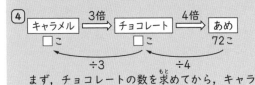

まず、チョコレートの数を求めてから、キャラメルの数を求めます。

---

25 割合⑤ 倍の見方⑤ P52·53

1 ① 2×3=6　　　　答え 6倍

② 36÷6=6　　　　答え 6m

2 ① 4×2=8　　　　答え 8倍

② 120÷8=15　　　答え 15まい

3 4×5=20

1000÷20=50　　　　答え 50円

4 3×4=12

1500÷12=125　　　答え 125g

ポイント!

割合をつなげた図に表して、何倍になるかを考えてから、もとにする大きさを求めます。

とき方

1 りほさんの家の高さを1とみると、デパートの高さは6にあたります。

2 ふくろに入ったシールの数を1とみると、かんに入ったシールの数は8にあたります。

3
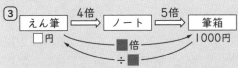

えん筆のねだんの4×5=20(倍)が、筆箱のねだんなので、1000(筆箱のねだん)を20でわると、えん筆のねだんが求められます。

4
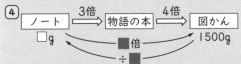

ノートの重さの3×4=12(倍)が、図かんの重さなので、1500(図かんの重さ)を12でわると、ノートの重さが求められます。

---

26 割合⑥ かんたんな割合① P54·55

1 ①

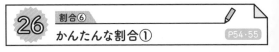

② 150÷50=3　　　　答え 3倍

③

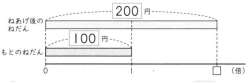

④ 200÷100=2 　　　答え　2倍

⑤ たまねぎ

2 ① 150÷30=5 　　　答え　5倍

② 160÷40=4 　　　答え　4倍

③ 白うさぎ

💡ポイント！
2つの数量の関係をくらべるとき，1つの数量がもう1つの数量の何倍にあたるかでくらべることができます。この何倍にあたるかを表した数を，割合といいます。

とき方
1 たまねぎとレタスは，どちらも，もとのねだんから100円ねあげしていますが，ねあげ後のねだんが，もとのねだんの何倍になっているかがちがいます。
②④ （ねあげ後のねだん）÷（もとのねだん）
　＝（倍を表す数（割合））です。
⑤ たまねぎとレタスでは，もとのねだんがちがうので，ねだんの上がり方をくらべるには，ねだんの差ではなく，倍を使ってくらべます。倍を表す数が大きいほうが，より大きくねあがりしたといえます。

2 白うさぎと黒うさぎは，どちらも，生まれたときから生後1か月までで，体重が120gふえていますが，生後1か月の体重が，生まれたときの体重の何倍になっているかがちがいます。
①② （生後1か月の体重）÷（生まれたときの体重）
　＝（倍を表す数（割合））です。
③ 倍を表す数が大きいほうが，より重くなったといえます。

27 割合⑦
かんたんな割合②
P56・57

1 ゴムA…40÷20=2
ゴムB…30÷10=3 　　　答え　ゴムB

2 りんさん…70÷10=7
わたるさん…75÷15=5 　　答え　りんさん

3 図かん…210÷70=3
絵本…280÷140=2 　　　答え　図かん

---

4 きゅうり…120÷30=4
じゃがいも…135÷45=3 　　答え　きゅうり

💡ポイント！
もとの大きさがちがう2つの数量の関係をくらべるときは，割合（倍を表す数）でくらべます。

とき方
1 のばす前の長さをそれぞれ1とみて，のばした後の長さがどれだけにあたるかを求めます。のばす前の長さに対するのばした後の長さの割合は，ゴムAが2で，ゴムBが3です。割合が大きいゴムBのほうが，よくのびるといえます。

2 1年前の数をそれぞれ1とみて，今の数がどれだけにあたるかを求めます。1年前の数に対する今の数の割合は，りんさんが7で，わたるさんが5です。割合が大きいりんさんのほうが，めだかがより大きくふえたといえます。

3 先月売れたさっ数をそれぞれ1とみて，今月売れたさっ数がどれだけにあたるかを求めます。先月売れたさっ数に対する今月売れたさっ数の割合は，図かんが3で，絵本が2です。割合が大きい図かんのほうが，より売れたといえます。

4 もとのねだんをそれぞれ1とみて，ねあがり後のねだんがどれだけにあたるかを求めます。もとのねだんに対するねあがり後のねだんの割合は，きゅうりが4で，じゃがいもが3です。割合が大きいきゅうりのほうが，より大きくねあがりしたといえます。

28 割合⑧
小数の倍①
P58・59

1 ① もとにする大きさ…3年生の人数
　くらべる大きさ…4年生の人数
② 72÷60=1.2 　　　答え　1.2倍
③ 1.2

2 ① 4
② 5÷2=2.5 　　　答え　2.5倍
③ 3÷2=1.5 　　　答え　1.5倍

3 ① 180÷90=2 　　　答え　2倍
② 180÷50=3.6 　　　答え　3.6倍
③ 90÷50=1.8 　　　答え　1.8倍

とき方

1 ② （くらべる大きさ）÷（もとにする大きさ）
  ＝（倍を表す数）です。
  ③ 60人の1.2倍が72人です。

2 ② （赤のリボンの長さ）÷（白のリボンの長さ）
  ＝（倍を表す数）です。

3 ① もとにする大きさは，そらさんのシール90
  まいです。
  ②③ もとにする大きさは，みゆさんのシール
  50まいです。

---

29 割合⑨
小数の倍②　　　　　　P60・61

1 ① もとにする大きさ…大きいクリップの数
   くらべる大きさ…小さいクリップの数
  ② 30÷60＝0.5　　　　**答え** 0.5倍
  ③ 0.5

2 5÷25＝0.2　　　　　　**答え** 0.2倍

3 ① 100÷200＝0.5　　　**答え** 0.5倍
  ② 100÷40＝2.5　　　　**答え** 2.5倍
  ③ 40÷100＝0.4　　　　**答え** 0.4倍

ポイント！
倍を表す数が1より小さくなる場合もあります。
このとき，くらべる大きさは，もとにする大き
さより小さくなります。

とき方

1 ①② もとにする大きさは，大きいクリップの
   数60こです。
  ③ 60この0.5倍が30こです。

2 （水とうに入っている量）÷（やかんに入ってい
  る量）＝（倍を表す数）です。

3 ① もとにする大きさは，アイスクリームのね
   だんです。
  ② もとにする大きさは，あめのねだんです。
  ③ もとにする大きさは，ゼリーのねだんです。

---

30 整理のしかた①
表に整理する①　　　　　　P62・63

1 ① 5人
  ② 4人
  ③ 運動場
  ④ 10月に学校でけがをした人の数の合計。

2 ① あ
  ② え
  ③ お
  ④ く

3 ① 5年，算数
  ② 4年，理科

ポイント！
表のたての列と横の列が何を表しているかを考
えながら，読み取ります。

とき方

1 ①②

けがをした場所と体の部分調べ　　（人）

場所＼体の部分	頭	顔	せなか	手足	合計
体育館	2	1	1	⑤	9
運動場	0	2	2	9	13
教室	1	0	0	2	3
ろうか	1	0	5	4	10
合計	④	3	8	20	あ35

③ 表のいちばん右の合計の列が，それぞれの
  場所でけがをした人数の合計を表しています。
  合計がいちばん多かった場所は，13人の運
  動場です。
④ あのらんは，10月に学校でけがをした人数
  の合計を表しています。

2 あ～けのらんは，それぞれ次のようなことを表
  します。
  あ…1組でネコをかっている人の数
  い…1組で犬をかっている人の数
  う…2組でネコをかっている人の数
  え…2組で犬をかっている人の数
  お…1組でネコや犬をかっている人の合計
  か…2組でネコや犬をかっている人の合計
  き…1組と2組でネコをかっている人の合計
  く…1組と2組で犬をかっている人の合計
  け…1組と2組でネコや犬をかっている人の合計

3 ① あのらんは，表の5年と算数が交わるとこ
   ろなので，5年の算数が好きな人の数を表し
   ます。

② 表の合計の数以外で，いちばん大きい数を見つけます。4年の理科を選んだ人が24人で，いちばん多いです。

31 整理のしかた②
表に整理する②
P64・65

1 ①〜④

あ　落とし物をした人の学年と落とした場所　（人）

場所 学年	運動場	ろうか	体育館	階だん	中庭	教室	合計
1年	0	0	一 1	0	0	一 1	2
2年	0	0	0	0	一 1	一 1	2
3年	0	一 1	0	一 1	一 1	一 1	4
4年	T 2	一 1	T 2	0	一 1	0	6
5年	0	T 2	0	0	0	一 1	3
6年	下 3	0	0	0	0	0	3
合計	5	4	3	1	3	4	20

2　落とし物をした場所と落とし物の種類　（人）

場所 種類	ぼうし	文ぼうぐ	ハンカチ	かばん	合計
運動場	T 2	一 1	一 1	一 1	5
ろうか	0	正 4	0	0	4
体育館	0	0	一 1	T 2	3
階だん	0	0	一 1	0	1
中庭	下 3	0	0	0	3
教室	0	一 1	T 2	一 1	4
合計	5	6	5	4	20

▶とき方

1② データを左上から順に読み取って，正の字で表に書き入れていきます。「正」で5人を表します。データを数えたところには，✓などのしるしをつけておくと，数え落としがなくなります。
③ あてはまる人がいないらんには，0を書きます。
④ 表のいちばん右の合計をあわせた数と，表のいちばん下の合計をあわせた数が等しくなるか，また，右下の合計がデータの数の20になっているか，たしかめます。

2 落とし物をした場所と落とし物の種類に注目して，①と同じように表に整理します。

---

32 整理のしかた③
表に整理する③
P66・67

1 ① 11人
② 10人
③ 12人
④ 5人

2 ① 朝も夜もテレビをみた人の数。
② 朝はテレビをみて，夜はみていない人の数。
③ 朝はテレビをみていなくて，夜はみた人の数。
④ 朝も夜もテレビをみていない人の数。
⑤ 25人
⑥ 11人

▶とき方

1 たまねぎとピーマンを表す列を，それぞれ読みまちがえないようにします。

好ききらい調べ　（人）

		ピーマン		合計
		好き	きらい	
たまねぎ	好き	あ 11	い 10	21
	きらい	う 12	え 5	17
合計		23	15	38

あ〜えのらんは，それぞれ次のようなことを表します。
あ…たまねぎもピーマンも好きな人の数
い…たまねぎは好きで，ピーマンはきらいな人の数
う…たまねぎはきらいで，ピーマンは好きな人の数
え…たまねぎもピーマンもきらいな人の数

2① あのらんは，「朝，みた」と「夜，みた」が交わるところです。
② いのらんは，「朝，みた」と「夜，みていない」が交わるところです。
③ うのらんは，「朝，みていない」と「夜，みた」が交わるところです。
④ えのらんは，「朝，みていない」と「夜，みていない」が交わるところです。
⑤「朝，みた」の列のいちばん右の合計の25が，朝テレビをみた人の数を表します。
⑥「夜，みていない」の列のいちばん下の合計の11が，夜テレビをみていない人の数を表します。

33 整理のしかた④
表に整理する④
P68·69

1 ① ⓐ 17　ⓘ 13
　　 ⓤ 10　ⓔ 20
　② ⓚ 4　ⓖ 13
　　 ⓤ 6　ⓗ 7
　③

妹と弟調べ　　　　　　（人）

		弟		合計
		いる	いない	
妹	いる	4	13	17
	いない	6	7	13
合計		10	20	30

2

山と海調べ　　　　　　（人）

		海		合計
		行った	行っていない	
山	行った	1	4	5
	行っていない	5	2	7
合計		6	6	12

💡ポイント!

データを数えるときは、数えたところに✓など
のしるしをつけていくと、数え落としがなくな
ります。表を作成したら、合計があっているか、
最後にかくにんします。

とき方

1 ① ⓐ…データの妹の列の、○の数を数えます。
　　ⓘ…データの妹の列の、×の数を数えます。
　　ⓐとⓘの合計が30になるか、かくにんします。
　　ⓤ…データの弟の列の、○の数を数えます。
　　ⓔ…データの弟の列の、×の数を数えます。
　　ⓤとⓔの合計が30になるか、かくにんします。
　② ⓚ…データで、「妹、弟」が ○○ となって
　　　いるものを数えます。
　　ⓖ…データで、「妹、弟」が ○× となって
　　　いるものを数えます。
　　ⓤ…データで、「妹、弟」が ×○ となって
　　　いるものを数えます。
　　ⓗ…データで、「妹、弟」が ×× となって
　　　いるものを数えます。
　　ⓚ～ⓗの合計が30になるか、かくにんします。
　③ ①②で調べた人数を、1つの表にまとめま
　　す。それぞれの合計をあわせた数が等しくな
　　るか、また、右下の合計がデータの数の30
　　になるか、かくにんします。

---

2 まず、データの結果を下のように整理します。

山	海	人数（人）
○	○	1
○	×	4
×	○	5
×	×	2

34 整理のしかた⑤
整理した表で考える①
P70·71

1 ① 5
　② 6
　③ 20

2 ① ⓐ 5　ⓘ 30　ⓤ 11
　② カレー、5

3 ① ⓐ 11　ⓘ 17　ⓤ 16
　② 4人
　③ 今週、1

💡ポイント!

表のわかっている数から、表のあいているらん
の数を求めることができます。

とき方

1 ① かほさんが先週と今週借りた数の合計から、
　　今週借りた数をひくと、先週借りた数が求め
　　られます。8－3＝5
　　また、かほさんとれんさんが先週借りた数の
　　合計から、れんさんが先週借りた数をひいて
　　も、かほさんが先週借りた数を求められます。
　　11－6＝5
　② 12－6＝6　または、9－3＝6
　③ ⓤは、かほさんとれんさんが、先週と今週
　　で借りた本の数の合計を表します。
　　8＋12＝20　または、11＋9＝20

2 ① ⓐ 15－10＝5　または、
　　　29－（8＋4＋12）＝5
　　ⓘ 59－29＝30　または、
　　　10＋3＋6＋11＝30
　　ⓤ 8＋3＝11　または、
　　　59－（15＋10＋23）＝11
　② カレーが好きな人は15人、ラーメンが好き
　　な人は10人なので、15－10＝5で、カレー
　　が好きな人が5人多いです。

3 ① ⓐ 21－10＝11
　　ⓘ 12＋5＝17　または、38－21＝17
　　ⓤ 38－22＝16　または、11＋5＝16
　② 先週本を借りた人は21人、借りていない人
　　は17人なので、21－17＝4で、先週本を借

りた人は，借りていない人より4人多いです。
③ 先週本を借りた人は21人，今週本を借りた人は22人なので，22−21＝1で，今週本を借りた人が1人多いです。

35 整理のしかた⑥
整理した表で考える② P72・73

1 ① ⓐ 18　ⓘ 19　ⓤ 14
　② 6人
　③ 北小学校…2人
　　　南小学校…12人

2 ① ⓐ 8　ⓘ 5
　　　ⓤ 7　ⓔ 6
　② 13こ
　③ 4こ
　④ 白の円…6こ
　　　黒の円…1こ

📖ポイント！

問題文からわかったことを，表に整理して考えます。

とき方

1② アイスクリームを選んだ人の数の合計から，北小学校でアイスクリームを選んだ人の数をひくと，南小学校でアイスクリームを選んだ人の数がわかります。19−13＝6
③ わかっている数を表に整理すると，下のようになります。

食べたいおやつ調べ　　　（人）

小学校＼おやつ	アイスクリーム	アイスキャンディー	合計
北	13		15
南	6		ⓐ 18
合計	ⓘ 19	ⓤ 14	33

北小学校でアイスキャンディーを選んだ人の数は，15−13＝2で，2人です。
南小学校でアイスキャンディーを選んだ人の数は，18−6＝12 または，14−2＝12で，12人です。

2③ わかっている数を表に整理すると，下のようになります。

使った形調べ　　　（こ）

色＼形	円	三角形	合計
白		2	ⓐ 8
黒			ⓘ 5
合計	ⓤ 7	ⓔ 6	13

黒の三角形の数は，6−2＝4
④ これまでにわかった数を表に書き入れて考えます。
白の円の数は，8−2＝6
黒の円の数は，7−6＝1 または，5−4＝1

36 整理のしかた⑦
整理した表で考える③ P74・75

1 ① ⓐ 6　ⓘ 13　ⓤ 14
　② 7人
　③ 8人
　④ 19人
　⑤ 18人
　⑥ 11人

2 ① ⓐ 16　ⓘ 38
　　　ⓤ 43　ⓔ 68
　② 30人
　③ 14人
　④ 29人
　⑤ 9人
　⑥ 18人
　⑦ 動物園，13

📖ポイント！

表に整理して考えると，わからない数をどのような計算で求めればよいかがわかりやすくなります。

とき方

1 下の表を使って，わかっている数をもとに考えます。

サッカーと野球調べ　　　（人）

		野球		合計
		した	していない	
サッカー	した	ⓐ 6	⑦	ⓘ 13
	していない	⑦	⑦	⑦
	合計	ⓤ 14	⑦	32

② 上の表の⑦のらんに入る数を求めます。
13−6＝7
③ 上の表の⑦のらんに入る数を求めます。
14−6＝8
④ 上の表の⑦のらんに入る数を求めます。
32−13＝19
⑤ 上の表の⑦のらんに入る数を求めます。
32−14＝18
⑥ 上の表の⑦のらんに入る数を求めます。
19−8＝11 または，18−7＝11

② 下の表を使って，わかっている数をもとに考えます。

水族館と動物園調べ　　　（人）

		動物園		合計
		行きたい	行きたくない	
水族館	行きたい	㋑	㋐ 16	㋐
	行きたくない	㋒	㋓	㋑ 38
	合計	㋒ 43	㋔	㋓ 68

② 上の表の㋐のらんに入る数を求めます。
68－38＝30
③ 上の表の㋑のらんに入る数を求めます。
30－16＝14
④ 上の表の㋒のらんに入る数を求めます。
43－14＝29
⑤ 上の表の㋓のらんに入る数を求めます。
38－29＝9
⑥ まず，上の表の㋔のらんの，動物園に行きたくない人の数を求めます。
68－43＝25　または，16＋9＝25
動物園に行きたい人は43人，行きたくない人は25人なので，43－25＝18で，行きたい人は行きたくない人より18人多いです。
⑦ 水族館に行きたい人は30人，動物園に行きたい人は43人なので，43－30＝13で，動物園に行きたい人が13人多いです。

---

37 整理のしかた⑧
整理した表で考える④ P76・77

① ①

	ハンカチ	ぬいぐるみ	コップ	本
こはる	×	×	×	
みなと			×	
ゆうな		×	×	
りつ				

② 本
③ ハンカチ
④ ぬいぐるみ

② ①

	㋐	㋑	㋒	㋓
いおり	○		○	
そうま	○			○
ほくと		○	○	
めい				○

---

② ㋓
③ ㋐
④ ㋑

ポイント!
わかることを順に表に整理して，あうものを見つけていきます。

とき方

① ② ㋐と㋒から，こはるさんのプレゼントは，ハンカチ，ぬいぐるみ，コップではないことがわかります。残った本が，こはるさんが用意したプレゼントです。
③ ㋒から，ゆうなさんのプレゼントは，ぬいぐるみ，コップではないことがわかります。また，本は，こはるさんが用意したプレゼントなので，残ったハンカチが，ゆうなさんが用意したプレゼントです。
④ ㋑から，みなとさんのプレゼントは，コップではないことがわかります。また，本は，こはるさんが用意したプレゼント，ハンカチは，ゆうなさんが用意したプレゼントなので，残ったぬいぐるみが，みなとさんが用意したプレゼントです。さらに，これらのことから，りつさんが用意したプレゼントは，コップであることがわかります。

② ② 持ち手がついているペンケースは㋓だけなので，㋓が，めいさんのペンケースです。
③ そうまさんのペンケースは，㋐か㋓です。㋓は，めいさんのペンケースなので，㋐が，そうまさんのペンケースです。
④ ほくとさんのペンケースは，㋑か㋒です。いおりさんのペンケースは，㋐か㋒ですが，㋐は，そうまさんのペンケースなので，㋒が，いおりさんのペンケースです。残った㋑が，ほくとさんのペンケースです。

---

38 整理のしかた⑨
いろいろな表やグラフ P78・79

① ① ウ
② ア
③ イ
④ エ

② ① データ…ウ
月…8月
② データ…ア，イ
売り上げ…4800円
③ 10人

表やグラフの特ちょうをつかんで，目的にあわせて，表やグラフの使い分けができるようにします。

とき方

①① 種類ごとに多い，少ないを表すときは，**ウ**のぼうグラフを利用します。

②② 4つのことがらを1つに表すときは，**ア**の表を利用します。

③③ 同じものの変化の様子を表すときは，**イ**の折れ線グラフを利用します。

④④ 2つのことがらを1つの表にまとめるときは，**エ**の表を利用します。

②① **ウ**のデータの，きゅうりのグラフから読み取ります。きゅうりは8月にいちばん多く売れていて，その数は225本です。

② **ア**のデータから，12月1日の大根1本あたりのねだんは，120円であることがわかります。また，**イ**のデータから，12月1日の大根の売れた数は，40本であることがわかります。これらのことから，12月1日の大根の売り上げは，120×40＝4800で，4800円であることがわかります。

③ **エ**のデータから読み取ります。「きゅうり，買った」と「大根，買った」が交わるところの10が，きゅうりと大根の両方を買った人の数です。

---

 39 変わり方①
関係を表に整理する① P80・81

1　① たての長さ〔面積〕

②

横の長さ (cm)	1	2	3	4	5
たての長さ (cm)	9	8	7	6	5

③ 1cmずつへる。

④ 10cm

⑤ 4cm

2　①

正三角形の数 (こ)	1	2	3	4
まわりの長さ (cm)	3	4	5	6

② 1cmずつふえる。

③ 2つ

④ 7cm

⑤ 8cm

ポイント！

1つの量がふえる(へる)につれて，もう1つの量がどのように変化しているかに注目します。

とき方

①② 長方形の図から，たての長さを読み取ります。

③ 表から，横の長さが1cm，2cm，…と，1cmずつふえるにつれて，たての長さは9cm，8cm，…と，1cmずつへっていることが読み取れます。

④ 長方形の辺は，たてと横で2本ずつあります。長方形のまわりの長さ20cmは，(たてと横の長さの和)×2なので，たてと横の長さの和は10cmです。

⑤ 横の長さが5cmから6cmに1cmふえると，たての長さは1cmへるので，5cmから4cmになります。

②① 図から，まわりの長さを読み取ります。

② 表から，正三角形の数が1こ，2こ，…と，1こずつふえるにつれて，まわりの長さは3cm，4cm，…と，1cmずつふえていることが読み取れます。

③ 表をたてに見ます。正三角形の数に2をたした数がまわりの長さになっています。

正三角形の数 (こ)	1	2	3	4
まわりの長さ (cm)	3	4	5	6

（+2 +2 +2 +2）

④ 表から見つけた②のきまりを使うと，正三角形の数が4こから5こに1つふえると，まわりの長さは1cmふえるので，6cmから7cmになります。また，③のきまりを使うと，正三角形の数が5このとき，まわりの長さを表す数は2つ多い数になるので，7cmになります。

⑤ ③で見つけたきまりより，正三角形の数が6このとき，まわりの長さを表す数は2つ多い8になるので，まわりの長さは8cmになります。

---

 40 変わり方②
関係を表に整理する② P82・83

1　①

1辺の長さ (cm)	1	2	3	4
まわりの長さ (cm)	3	6	9	12

② 3cmずつふえる。

③ 3倍

④ 15cm

1辺の長さ　（cm）	1	2	3	4	
まわりの長さ（cm）	4	8	12	16	

② 4cmずつふえる。

③ 2倍になる。

④ 4倍

⑤ 20cm

ポイント！

2つの量の関係を調べるときは，変わり方の表を，横に見たり，たてに見たりします。

とき方

1 ① 図から，1辺の長さが3cmのときのまわりの長さは9cm，1辺の長さが4cmのときのまわりの長さは12cmであることがわかります。

② 表を横に見ます。1辺の長さが1cmずつふえるにつれて，まわりの長さは3cmずつふえています。

1辺の長さ　（cm）	1	2	3	4
まわりの長さ（cm）	3	6	9	12

+1　+1　+1（上）
+3　+3　+3（下）

③ 表をたてに見ます。1辺の長さの3倍がまわりの長さになっています。

1辺の長さ　（cm）	1	2	3	4
まわりの長さ（cm）	3	6	9	12

×3　×3　×3　×3

④ 表から見つけた②のきまりを使うと，1辺の長さが4cmから5cmに1cmふえると，まわりの長さは3cmふえるので，12cmから15cmになります。また，③のきまりを使うと，1辺の長さが5cmのとき，まわりの長さを表す数は3倍になるので，15cmになります。

2 ② 表を横に見ます。1辺の長さが1cmずつふえるにつれて，まわりの長さは4cmずつふえています。

1辺の長さ　（cm）	1	2	3	4
まわりの長さ（cm）	4	8	12	16

+1　+1　+1（上）
+4　+4　+4（下）

③ 表を横に見ます。1辺の長さが2倍になると，まわりの長さも2倍になります。

1辺の長さ　（cm）	1	2	3	4
まわりの長さ（cm）	4	8	12	16

×2　×2

④ 表をたてに見ます。1辺の長さの4倍がまわりの長さになっています。

1辺の長さ　（cm）	1	2	3	4	
まわりの長さ（cm）	4	8	12	16	

×4　×4　×4　×4

⑤ 表から見つけた②のきまりを使うと，1辺の長さが4cmから5cmに1cmふえると，まわりの長さは4cmふえるので，16cmから20cmになります。また，④のきまりを使うと，1辺の長さが5cmのとき，まわりの長さを表す数は4倍になるので，20cmになります。

41 変わり方③ 関係を式で表す① P84・85

1 ①

しおりさんの数 □（まい）	1	2	3	4	5	6	
妹の数　　○（まい）	29	28	27	26	25	24	

② 1まいずつへる。

③ 30まい

④ □+○=30

⑤ 22まい

2 ① 残りのページ数

②

読んだページ数 □（ページ）	10	20	30	40	50	
残りのページ数 ○（ページ）	160	150	140	130	120	

③ 170ページ

④ □+○=170

⑤ 100ページ

3 ①

たての長さ　□（cm）	1	2	3	4	
横の長さ　　○（cm）	19	18	17	16	

② □+○=20

③ 11cm

④ 6cm

ポイント！

ともなって変わる2つの量の関係を式に表すときは，まず，ことばの式に表してから，□や○などの記号におきかえるとわかりやすくなります。

とき方

1 ①③ しおりさんや妹の色紙のまい数が変わっても，色紙の全部のまい数は，いつも30まいです。

② 表を横に見ます。しおりさんのまい数が1まいずつふえるにつれて，妹のまい数は1まいずつへっています。

しおりさんの数 □（まい）	1	2	3	4	5	6
妹の数 ○（まい）	29	28	27	26	25	24

④ ことばの式で表すと，（しおりさんのまい数）＋（妹のまい数）＝（全部のまい数）です。これを，しおりさんのまい数を□，妹のまい数を○，全部のまい数を30におきかえると，□＋○＝30です。

⑤ ④の式（□＋○＝30）にあてはめて考えます。□が8なので，8＋○＝30，○＝30−8，○＝22

② ②③ 読んだページ数や残りのページ数が変わっても，全部のページ数は，いつも170ページです。

④ ことばの式で表すと，（読んだページ数）＋（残りのページ数）＝（全部のページ数）です。これを，読んだページ数を□，残りのページ数を○，全部のページ数を170におきかえると，□＋○＝170です。

⑤ ④の式（□＋○＝170）にあてはめて考えます。□が70なので，70＋○＝170，○＝170−70，○＝100

③ ① 長方形の辺は，たてと横で2本ずつあります。まわりの長さ40cmは，（たてと横の長さの和）×2なので，たてと横の長さの和は20cmです。

② （たての長さ）＋（横の長さ）＝20で，たての長さを□，横の長さを○におきかえると，□＋○＝20です。

③④ ②の式（□＋○＝20）にあてはめて考えます。□（たての長さ）が9のとき，9＋○＝20，○＝20−9，○＝11
○（横の長さ）が14のとき，□＋14＝20，□＝20−14，□＝6

---

42 変わり方④ 関係を式で表す② P86・87

① ①

たいがさんの年れい □（オ）	1	2	3	4	5
お兄さんの年れい ○（オ）	4	5	6	7	8

② 3つ
③ □＋3＝○
④ 23オ
⑤ 42オ

---

② ①

正方形の数　□（こ）	1	2	3	4
たてと横の長さの和○（cm）	2	3	4	5

② □＋1＝○
③ 31cm
④ 75こ

③ ① □＋4＝○
② 14kg
③ 4kg

💡ポイント！

□や○を使った2つの量の関係を表す式で，□または○のうち，どちらか1つの数がわかれば，もう一方の数（○または□）を求めることができます。

とき方

① ① たいがさんとお兄さんの年れいの差は，3才です。たいがさんの年れいが1つふえると，お兄さんの年れいも1つふえます。

③ ことばの式で表すと，（たいがさんの年れい）＋（2人の年れいの差）＝（お兄さんの年れい）です。たいがさんの年れいを□，お兄さんの年れいを○，2人の年れいの差を3でおきかえると，□＋3＝○です。

④⑤ ③の式（□＋3＝○）にあてはめて考えます。□が20のとき，20＋3＝○，○＝23
○が45のとき，□＋3＝45，□＝45−3，□＝42

② ① 図から，正方形の数が1こふえると，たてと横の長さの和は1cmふえています。

② 表をたてに見ます。正方形の数に1をたすと，たてと横の長さの和になります。これを，ことばの式で表すと，（正方形の数）＋1＝（たてと横の長さの和）です。

③④ ②の式（□＋1＝○）にあてはめて考えます。□（正方形の数）が30のとき，30＋1＝○，○＝31
○（たてと横の長さの和）が76のとき，□＋1＝76，□＝76−1，□＝75

③ ① 表をたてに見ると，水の量（□）に4をたすと，全体の重さ（○）になっています。

②③ ①の式（□＋4＝○）にあてはめて考えます。□（水の量）が10のとき，10＋4＝○，○＝14
□（水の量）が0のとき，0＋4＝○，○＝4

43 変わり方⑤
関係を式で表す③　P88·89

1 ①

えん筆の数□(本)	1	2	3	4	5	6
代金　　○(円)	60	120	180	240	300	360

② 60倍

③ 60×□=○

④ 540円

⑤ 13本

2 ①

リボンの長さ□(m)	1	2	3	4	5
代金　　○(円)	200	400	600	800	1000

② 200×□=○

③ 1600円

3 ①

だんの数 □(だん)	1	2	3	4	5	6
下からの高さ○(cm)	15	30	45	60	75	90

② 15cm

③ 15倍

④ 15×□=○

⑤ 105cm

⑥ 12だん

とき方

1 ① えん筆の数が1本ふえると，代金は60円ふ
えます。
③ ことばの式で表すと，
(えん筆1本のねだん)×(えん筆の数)=(代金)
です。えん筆1本のねだんは60円なので，
60×□=○です。
④⑤ ③の式(60×□=○)にあてはめて考えます。
□が9のとき，60×9=○，○=540
○が780のとき，
60×□=780，□=780÷60，□=13

2 ① リボンの長さが1mふえると，代金は200
円ふえます。
② ことばの式で表すと，
(リボン1mのねだん)×(リボンの長さ)
=(代金)です。リボン1mのねだんは200円
なので，200×□=○です。
③ ②の式(200×□=○)にあてはめて考えます。
□(リボンの長さ)が8のとき，
200×8=○，○=1600

③①② だんの数が1だんふえると，下からの高
さは15cmふえます。
⑤⑥ ④の式(15×□=○)にあてはめて考えます。
□が7のとき，15×7=○，○=105
○が180のとき，
15×□=180，□=180÷15，□=12

44 変わり方⑥
関係を式で表す④　P90·91

1 ① 1本の長さ〔切る回数〕
②

リボンの数□(本)	1	2	3	4	5	6
1本の長さ ○(cm)	240	120	80	60	48	40

③ 240

④ 240÷□=○

⑤ 30cm

⑥ 24cm

2 ①

箱の数□(こ)	1	2	3	4	5	6
1箱のさとう の重さ ○(g)	300	150	100	75	60	50

② 300÷□=○

③ 20g

④ 10こ

3 ①

びんの数□(本)	1	2	3	4	5	6
1本のジュース の量 ○(mL)	540	270	180	135	108	90

② 540÷□=○

③ 45mL

④ 9本

とき方

1 ② 240cmのリボンを，
2本に分けた長さは，240÷2で，1本120cm
3本に分けた長さは，240÷3で，1本80cm
4本に分けた長さは，240÷4で，1本60cm
5本に分けた長さは，240÷5で，1本48cm
6本に分けた長さは，240÷6で，1本40cm
④ (全体の長さ)÷(リボンの数)
=(1本の長さ)です。
⑤⑥ ④の式(240÷□=○)にあてはめて考え
ます。
□が8のとき，240÷8=○，○=30
□が10のとき，240÷10=○，○=24

②① 300gのさとうを，

　　2箱に分けた重さは，300÷2で，1箱150g
　　3箱に分けた重さは，300÷3で，1箱100g
　　4箱に分けた重さは，300÷4で，1箱75g
　　5箱に分けた重さは，300÷5で，1箱60g
　　6箱に分けた重さは，300÷6で，1箱50g
　② （全体の重さ）÷（箱の数）＝（1箱のさとうの重さ）です。
　③④ ②の式（300÷□＝○）にあてはめて考えます。
　　□が15のとき，300÷15＝○，○＝20
　　○が30のとき，
　　300÷□＝30，□＝300÷30，□＝10

③② （全体の量）÷（びんの数）
　　＝（1本のジュースの量）です。
　③④ ②の式（540÷□＝○）にあてはめて考えます。
　　□（びんの数）が12のとき，
　　540÷12＝○，○＝45
　　○（1本のジュースの量）が60のとき，
　　540÷□＝60，□＝540÷60，□＝9

45 変わり方⑦
関係を式で表す⑤　P92·93

1 ①

りくさんの数□（本）	1	2	3	4	5	6
弟の数 ○（本）	17	16	15	14	13	12

　② □＋○＝18
　③ 5本

2 ① □＋5＝○
　② 33cm
　③ 17分

3 ①

横の長さ □（cm）	1	2	3	4	5	6
面積 ○（cm²）	4	8	12	16	20	24

　② 4×□＝○
　③ 32cm²
　④ 12cm

4 ①

テープの数 □（本）	1	2	3	4	5	6
1本の長さ○（cm）	360	180	120	90	72	60

　② 360÷□＝○
　③ 40cm
　④ 24本

とき方

1 ① りくさんのえん筆と弟のえん筆の数をあわせると，18本です。りくさんのえん筆が1本ふえると，弟のえん筆は1本へります。
　② （りくさんのえん筆の数）＋（弟のえん筆の数）＝（全部のえん筆の数）です。
　③ ②の式（□＋○＝18）にあてはめて考えます。
　　□（りくさんの数）が13のとき，
　　13＋○＝18，○＝18－13，○＝5

2 ① （水を入れた時間）＋（はじめに水が入っていた高さ）＝（水の高さ）です。
　②③ ①の式（□＋5＝○）にあてはめて考えます。
　　□（時間）が28のとき，28＋5＝○，○＝33
　　○（水の高さ）が22のとき，
　　□＋5＝22，□＝22－5，□＝17

3 ①② 長方形の面積を求める公式は，「たての長さ×横の長さ」です。
　③④ ②の式（4×□＝○）にあてはめて考えます。
　　□（横の長さ）が8のとき，4×8＝○，○＝32
　　○（面積）が48のとき，
　　4×□＝48，□＝48÷4，□＝12

4 ①② （全体の長さ）÷（テープの数）
　　＝（1本の長さ）です。
　③④ ②の式（360÷□＝○）にあてはめて考えます。
　　□（テープの数）が9のとき，
　　360÷9＝○，○＝40
　　○（1本の長さ）が15のとき，
　　360÷□＝15，□＝360÷15，□＝24

46 変わり方⑧
ともなって変わる関係　P94·95

1 ① ○
　② △
　③ ○
　④ ○

2 ① あ イ　　い ウ　　う ア
　② あ ウ　　い ア　　う イ

3 イ，エ

ポイント！
ともなって変わる2つの量は，1つの量がふえると，それにともなってもう1つの量もふえたりへったりします。

とき方

1 ① はやとさんの年れいが1才ずつふえていくにつれて, 兄の年れいも1才ずつふえています。

② 使った色紙のまい数は日によってへったり, ふえたりしているので, ともなって変わる関係とはいえません。

③ 正方形の1辺の長さが1cmずつふえていくにつれて, まわりの長さも4cmずつふえています。

④ 使ったテープの長さがふえるにつれて, 残りのテープの長さはへっています。

2 ① ことばの式で表すと, 次のようになります。

⑤ (アイスクリーム1このねだん)×(買ったこ数)=(代金)

⑥ (全部のシールのまい数)÷(分けた人数)=(1人分のシールのまい数)

⑦ (全部の塩の重さ)-(使った重さ)=(残りの重さ)

3 イ…ろうそくの火をつけていた時間が長くなるにつれて, ろうそくの長さは短くなります。

エ…買ったえん筆の本数がふえていくと, 代金もふえていきます。

---

47 変わり方⑨
変わり方とグラフ① P96·97

1 ① 3cmふえる。

② 3×□=○

③ 右の図

④ 21cm

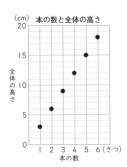

2 ①

おかしの数□(こ)	1	2	3	4	5	6
代金 ○(円)	40	80	120	160	200	240

② 40×□=○

③ 2倍, 3倍, ……になる。

④ 右の図

⑤ 320円

⑥ 14こ

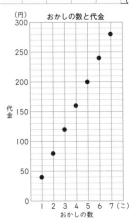

とき方

1 ① 表から, 本の数が1さつずつふえていくにつれて, 全体の高さは3cmずつふえていきます。

② ことばの式で表すと, (本1さつ分の高さ)×(本の数)=(全体の高さ)です。

③ グラフのたてのじくの1めもりは1cmです。

④ ②の式(3×□=○)にあてはめて考えます。□(本の数)が7のとき, 3×7=○, ○=21

2 ① 買うおかしの数が1こずつふえていくにつれて, 代金は40円ずつふえていきます。

② ことばの式で表すと, (おかし1このねだん)×(おかしの数)=(代金)です。

③ 表を横に見ます。買うおかしの数が2倍, 3倍, …になると, 代金も2倍, 3倍, …になっています。

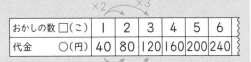

おかしの数□(こ)	1	2	3	4	5	6
代金 ○(円)	40	80	120	160	200	240

④ たてのじくの1めもりは10円を表します。おかしの数が7このときの代金は, ②の式(40×□=○)の□に7をあてはめて求めます。40×7=○, ○=280

⑤⑥ ②の式(40×□=○)にあてはめて考えます。□(おかしの数)が8のとき, 40×8=○, ○=320 ○(代金)が560のとき, 40×□=560, □=560÷40, □=14

---

48 変わり方⑩
変わり方とグラフ② P98·99

1 ① 右の図

※点線の部分はかいていてもよいです。

② 7.5kg

③ 10kg

④ 9L

⑤ 3kg

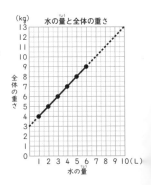

時間 （分）	1	2	3	4	5
長さ （cm）	7.5	7	6.5	6	5.5

② 右の図
※点線の部分は
かいていても
よいです。

③ 4.5cm

④ 13分後

⑤ 16分後

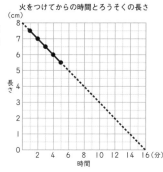

火をつけてからの時間とろうそくの長さ

1 ①

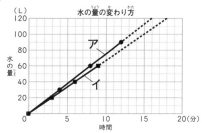

水の量の変わり方

※点線の部分はかいていてもよいです。

② アの水そう

③ アの水そう…16分
　イの水そう…18分

2 ①

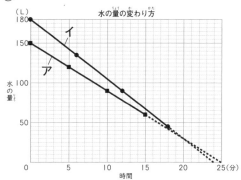

水の量の変わり方

※点線の部分はかいていてもよいです。

② 30L

③ 20分後

④ イの水そう

💡 ポイント!

変わっていく2つの量を折れ線グラフに表すことで，変わり方の様子がわかりやすくなります。

とき方

1 ① 折れ線グラフの横のじくは水の量，たてのじくは全体の重さを表します。折れ線グラフをかくときは，じょうぎを使って線をひきます。

② 折れ線グラフの横のじくの1めもりは0.5L，たてのじくの1めもりは0.5kgです。グラフから，水の量（横のじく）が4.5Lのときの全体の重さ（たてのじく）を読み取ります。

③⑤ ①でかいた折れ線グラフの線をのばしてかき，水の量が7L，0Lのときの全体の重さを読み取ります。

④ ①でかいた折れ線グラフの線をのばしてかき，全体の重さが12kgのときの水の量を読み取ります。

2 ① ろうそくは，火をつけてから1分たつごとに0.5cmずつ短くなっていきます。

② 折れ線グラフのたてのじくの1めもりは0.5cmです。火をつける時間が長くなるにつれて，ろうそくの長さは短くなるので，右下がりの折れ線グラフになります。

③ ②でかいた折れ線グラフの線をのばしてかき，時間（横のじく）が7分のときの長さ（たてのじく）を読み取ります。

④⑤ ②でかいた折れ線グラフの線をのばしてかき，長さが1.5cm，0cmのときの時間を読み取ります。

💡 ポイント!

1つのグラフ用紙に，2つの折れ線グラフをかくときは，区別がつくようにくふうしましょう。

とき方

1 ① 折れ線グラフの横のじくは時間，たてのじくは水の量を表します。たてのじくの1めもりは10Lです。

② 折れ線グラフで，同じ時間のアとイの水の量をくらべると，アのほうが水の量が多く，折れ線グラフのかたむきも急なので，アの水そうのほうが，ふえ方が速いことがわかります。

③ アとイのそれぞれについて，①でかいた折れ線グラフの線をのばしてかき，水の量（たてのじく）が120Lのときの時間（横のじく）を読み取ります。

② ① 折れ線グラフの横のじくは時間，たてのじくは水の量を表します。たてのじくの1めもりは5Lです。
② 180－150＝30(L)
③ アとイのそれぞれについて，①でかいた折れ線グラフの線をのばしてかき，アとイのグラフが交わるときの時間（横のじく）を読み取ります。
④ アとイのそれぞれについて，①でかいた折れ線グラフの線をのばしてかき，水の量（たてのじく）が0Lのときの時間を読み取ってくらべます。アは25分，イは24分なので，イの水そうの水が先になくなります。

P102・103

50 変わり方⑫
関係を調べる問題①

1 ①

カップの数□(こ)	1	2	3	4	5
全体の高さ○(cm)	5	6	7	8	9

② (1) 1　　(2) 4
③ □＋4＝○
④ 11cm
⑤ 16こ

2 ①

切る回数　　□(回)	1	2	3	4	5
できるリボンの数○(本)	2	3	4	5	6

② (例)切る回数を表す数に1をたした数が，できるリボンの数になっている。
③ 9本
④ 19回

◯ポイント！
少ない場合から順に調べて表に表し，表を横やたてに見て，変わり方のきまりを見つけます。

とき方
1 ① 表より，カップの数が1こから2こにふえると，全体の高さは5cmから6cmと1cmふえ，カップの数が2こから3ことさらに1こふえると，全体の高さは6cmから7cmと1cmふえています。だから，全体の高さは，カップが4このときは，3このときより1cmふえ，カップが5このときは4このときより1cmふえると考えられます。
② (1) 表を横に見ます。カップの数が1こずつふえると，全体の高さは1cmずつふえています。
(2) 表をたてに見ます。全体の高さを表す数はいつも，カップの数に4をたした数になっています。

③ ②の(2)の考え方を式に表します。
④⑤ ③の式（□＋4＝○）にあてはめて考えます。
□(カップの数)が7のとき，7＋4＝○，○＝11
○(全体の高さ)が20のとき，
□＋4＝20，□＝20－4，□＝16

2 ① はさみで切る回数が1回ふえると，できるリボンの数は1本ふえます。
② 表をたてに見ます。できるリボンの数はいつも，切る回数を表す数に1をたした数になっています。
③④ ②の式（□＋1＝○）にあてはめて考えます。
□(切る回数)が8のとき，8＋1＝○，○＝9
○(できるリボンの数)が20のとき，
□＋1＝20，□＝20－1，□＝19

P104・105

51 変わり方⑬
関係を調べる問題②

1 ①

順番　　□(番目)	1	2	3	4
おはじきの数○(こ)	3	6	9	12

② (1) 3　　(2) 3
③ □×3＝○
④ 36こ
⑤ 20番目

2 ①

だんの数　□(だん)	1	2	3	4
まわりの長さ○(cm)	4	8	12	16

② (例)だんの数の4倍が，まわりの長さを表す数になっている。
③ 52cm
④ 30だん

◯ポイント！
表を見るときは，横に見たり，たてに見たりして，きまりを見つけます。

とき方
1 ① 図を参考にして，3番目と4番目のおはじきの数を数えます。
② (1) 表を横に見ます。□(順番)が1ずつふえると，○(おはじきの数)は3ずつふえています。
(2) 表をたてに見ます。○はいつも，□の3倍になっています。
③ ②の(2)の考え方を式に表します。
④⑤ ③の式（□×3＝○）にあてはめて考えます。
□(順番)が12のとき，12×3＝○，○＝36
○(おはじきの数)が60のとき，
□×3＝60，□＝60÷3，□＝20

② ① 図を参考にします。だんの数が1だんずつ
ふえていくと，まわりの長さは4cmずつふ
えていきます。

② 表をたてに見ます。まわりの長さはいつも，
だんの数の4倍になっています。

③④ ②の式（□×4＝○）にあてはめて考えます。
□（だんの数）が13のとき，
13×4＝○，○＝52
○（まわりの長さ）が120のとき，
□×4＝120，□＝120÷4，□＝30

② 表を横に見て，きまりを見つけます。

③ テープの数が5本のときの全体の長さは，4
本のときより6cmふえるので，
26＋6＝32(cm)

④ テープの数が6本のとき，7本のとき，…の
全体の長さを順に調べていくと，
6本のとき…32＋6＝38(cm)
7本のとき…38＋6＝44(cm)
8本のとき…44＋6＝50(cm)
なので，全体の長さが50cmになるのは，テー
プを8本つないだときです。

52 変わり方⑭
関係を調べる問題③　P106·107

1 ①

テーブルの数　（こ）	1	2	3	4
すわれる人の数（人）	5	8	11	14

② (1) 3
(2) （左から）14, 3, 17
③ 20人
④ 9こ

2 ①

テープの数　（本）	1	2	3	4
全体の長さ　（cm）	8	14	20	26

② 6cmずつふえる。
③ 32cm
④ 8本

とき方

1 ①② テーブルの数が1こずつふえていくと，す
われる人の数は3人ずつふえていきます。
テーブルの数が5このときのすわれる人の数
は，4このときより3人ふえるので，
14＋3＝17(人)

③ テーブルの数が6このときのすわれる人の
数は，5このときより3人ふえるので，
17＋3＝20(人)

④ テーブルの数が7このとき，8このとき，…
のすわれる人の数を順に調べていくと，
7このとき…20＋3＝23(人)
8このとき…23＋3＝26(人)
9このとき…26＋3＝29(人)
なので，29人がすわることができるのは，
テーブルが9このときです。

2 ① テープをつないだとき，のりしろの部分が
重なります。全体の長さは，
テープが2本のとき，8×2－2＝14(cm)
テープが3本のとき，8×3－2×2＝20(cm)
テープが4本のとき，8×4－2×3＝26(cm)

53 まとめ①
4年のまとめ①　P108·109

1 ① 7度
② 午後2時，午後4時
③ 地面の温度
④ 地面の温度，10度

2 ① 8÷5＝1.6　　　**答え** 1.6倍
② 4÷5＝0.8　　　**答え** 0.8倍

3 ① あ 8　　い 10　　う 32
え 27　　お 95
② ボール
③ 1組

4 ① 1まいずつへる。
② □＋○＝25
〔○＋□＝25，25－□＝○，25－○＝□〕
③ 13まい

とき方

1 ① たてのじくの1めもりは1度を表します。
② 地面の温度の折れ線グラフで，右下がりに
なっているところに着目します。午後2時か
ら午後4時の間は7度下がっています。
③ 気温を見ると，いちばん高いのは13度，い
ちばん低いのは7度で，その差は6度です。
一方，地面の温度では，いちばん高いのは
21度，いちばん低いのは3度で，その差は
18度です。
④ 午前12時（正午）で，気温は11度，地面の
温度は21度です。21－11＝10で，差は10
度です。

2 緑のリボンの長さを1とみたときの，赤のリボ
ンの長さと青のリボンの長さを，それぞれ求め
ます。
① （赤のリボンの長さ）÷（緑のリボンの長さ）
の式で，赤のリボンの長さが緑のリボンの長
さの何倍であるかが求められます。

② (青のリボンの長さ)÷(緑のリボンの長さ)
の式で，青のリボンの長さが緑のリボンの長
さの何倍であるかが求められます。

③① あは，1組でなわとびを借りた人の数を表す
らんで，(1組の合計人数)－(1組のなわとび
以外の遊び道具を借りた人数)で求めます。
33－(10＋5＋4＋6)＝8
いは，2組で竹馬を借りた人の数を表すらん
で，(竹馬を借りた人の合計人数)－(竹馬を借
りた1組と3組の人数)で求めます。
16－(4＋2)＝10
うは，2組の合計人数を表すらんです。
7＋9＋6＋10＋0＝32
えは，なわとびを借りた人の合計人数を表す
らんです。8＋9＋10＝27
おは，1組，2組，3組の合計人数を表すらん
です。33＋32＋30＝95　または，
29＋27＋17＋16＋6＝95

④ 兄が持っているカードのまい数と弟が持ってい
るカードのまい数をあわせた数は，25です。
　③ ②の式(□＋○＝25)にあてはめて考えます。
　□(兄のまい数)が12のとき，
　12＋○＝25，○＝25－12，○＝13

54 まとめ②
4年のまとめ②　P110・111

① ①

順番 □(番目)	1	2	3	4
石の数 ○(こ)	4	8	12	16

② 4倍

③ □×4＝○
　〔4×□＝○，○÷4＝□〕

④ 40こ

② ①
パンとおにぎり調べ　(人)

	パン	おにぎり	合計
大人	4	4	8
子ども	10	2	12
合計	14	6	20

② 10人

③ 840÷3＝280　　　　答え　280g

④ ゴムA…105÷35＝3
　ゴムB…140÷70＝2　　答え　ゴムA

⑤①
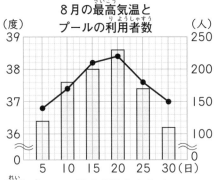
8月の最高気温と
プールの利用者数

② (例)プールの利用者数もふえる。

とき方

①① 図を参考にして，3番目と4番目の●の数を
数えます。
③ (□番目)×4＝(石の数)となります。
④ ③の式(□×4＝○)にあてはめて考えます。
□が10のとき，10×4＝○，○＝40

② 表にわかっている数を書き入れると，下のよう
になります。
パンとおにぎり調べ　　(人)

	パン	おにぎり	合計
大人		え4	あ8
子ども			い12
合計		う6	

あ…大人の人数
い…子どもの人数
う…おにぎりを買った人数
え…おにぎりを買った大人の人数
上の表のあ～えの数をもとにして，表のあいて
いるらんに入る数を求めます。

③ 物語の本の重さを「もとにする大きさ」，図か
んを「くらべる大きさ」として考えます。
(くらべる大きさ)÷(何倍にあたるか)
＝(もとにする大きさ)の式で求めます。

④ (のばした後の長さ)÷(のばす前の長さ)
＝(倍を表す数(割合))の式で，ゴムAとゴムB
のどちらがよくのびるかをくらべます。割合を
くらべると，3＞2だから，ゴムAのほうが，よ
くのびるといえます。

⑤① 左のたてのじくの1めもりは0.2度を表しま
す。
② 折れ線グラフが右上がりになるとぼうグラ
フも長くなり，折れ線グラフが右下がりにな
るとぼうグラフも短くなっています。